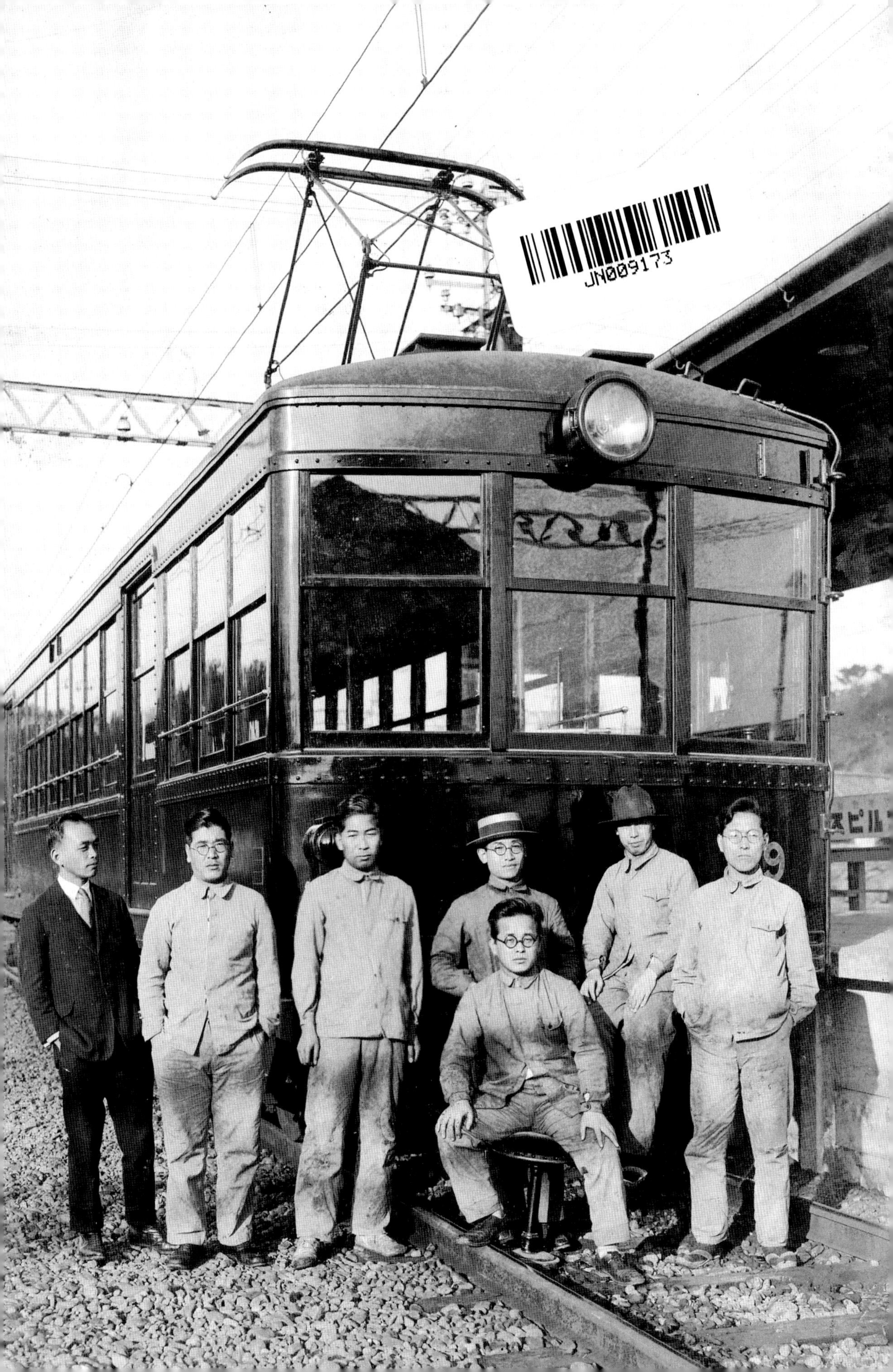

はじめに

現在の京浜急行電鉄（以下：京急電鉄または京急）路線の横浜以南を形成する黄金町〜浦賀、金沢八景〜湘南逗子間を1930（昭和５）年４月１日に開業したのが湘南電気鉄道（以下：湘南電鉄または湘南）で、この新規開業路線に用意されたのがデ１形の25輌であった。

本書では大東急時代にデハ5230形に統合され、京急となって京急デハ230形とされた湘南電鉄の開業に登場したデ１形と京浜電気鉄道（以下、京浜電鉄または京浜）による同系の増備車のいわゆる京急の半鋼製小型車を形成する一群の車輌を記すことにする。同形態で３扉ロングシートとした600V単電圧の京浜デ101形８輌は、製造時は制御・制動方式が異なり、湘南デ１とその系列の車輌とは連結運転はできなかったが、全車戦災を被り、制動方式を変更してデハ5230形との連結運転を可能とするクハ5350形として復旧した。その後、晩年までデハ230形と運命を共にした半鋼製小型車の一族として含めるが、軌道系の車輌である京浜電鉄51号形については晩年クハ140形としてデハ230形と運用を共にしたものの、本書ではこれは含めないことにした。これらすべての車輌は昭和初期に生まれ困難な戦時状況を乗り切り、戦後の高度成長期を支え、後継車輌に譲り京急からは姿を消していった。上巻では湘南電鉄開業から戦時合併を経て京浜急行電鉄成立までを記述する。

1930（昭和５）年４月の開業に向け準備中の
金沢文庫駅と車庫。横浜方面から構内を望む。
1930年　金沢文庫　提供：京急電鉄

吉田初三郎の手による「湘南電鉄沿線名所図絵」(昭和五年三月横須賀鎮守府第一四ノ一六号検閲済、昭和五年三月東京湾要塞司令部地乙第二八号検閲済)。黄金町～浦賀間の湘南電鉄を中心に、京浜電鉄や予定線も含めた沿線風景が描かれている。

1. 湘南電鉄の開業

1) 開業までの経緯

三浦半島の鉄道は、官設の横須賀線が1889(明治22)年6月16日に大船～横須賀間を開業以降、半島を循環する鉄道として明治期に相海鉄道が計画され、その後横浜電気鉄道(後の横浜市電)による杉田から逗子までの延長の申請がなされていたが、これらは実現するには至らなかった。湘南電鉄は、第一次世界大戦後の好景気に工学博士の野村龍太郎をはじめとして横浜から三浦半島を一周する鉄道の計画が立てられ、旅客輸送とともに三浦半島の第一次生産品の貨物輸送を行う架線電圧1,500V・1,067mm軌間の地方鉄道として

湘南電気鉄道社紋　　提供：京急電鉄

認可申請が行われた。この時点で横浜電気鉄道の杉田～逗子間や相海自動車鉄道の申請もあって、交渉の上会社設立が行われた。大正12(1923)年8月27日、地方鉄道法により免許が下付されたその5日後、9月1日に関東大震災が発生、金融市場の混乱閉鎖となり設立も危ぶまれたが、京浜電鉄と結びつきのある安田保善会社の参入により窮地を免れた。

横浜の起点は、震災以前に計画されていた桜木町から保土ヶ谷に至る京浜線電車(現：JR京浜東北線)の延長計画による途中経由区間の南太田付近に設けられる中間駅の接続を計画したが、震災復興計画により京浜線延長の中止を受けて、計画路線の一部を譲り受け桜木町までの延長が試みられたが、京浜電鉄の参入もあり、京浜電鉄の横浜市内延長計画(戸部を経て長者町に至る)との接続も視野に入れ、中間点の黄金町を暫定的な起点とした。路線経由地の決定には横浜市の震災復興計画や要塞地域は陸海軍の意向もあり二転三転した。路線は第一期工事として本線の黄金町～浦賀間、途中金沢八景から湘南逗子に至る逗子線からなり、地方鉄道交付金を得ることもあって京浜電鉄の1,372mm軌間を採用することができず、1,435mmの標準軌間とした。架線電圧も京浜電鉄の600Vに対し1,500Vを採用した。逗子線は三浦半島西回り線を形成する一部であるが、他の鉄道線と接続を持たずに建設する湘南電鉄としては、横須賀線逗子駅からの建設資材の補給路線として重要な役目があった。建設工事では1,067mmの仮線を敷設、鉄道省からかつては関西鉄道(元々関西鉄道に合併した大阪鉄道の車輌であ

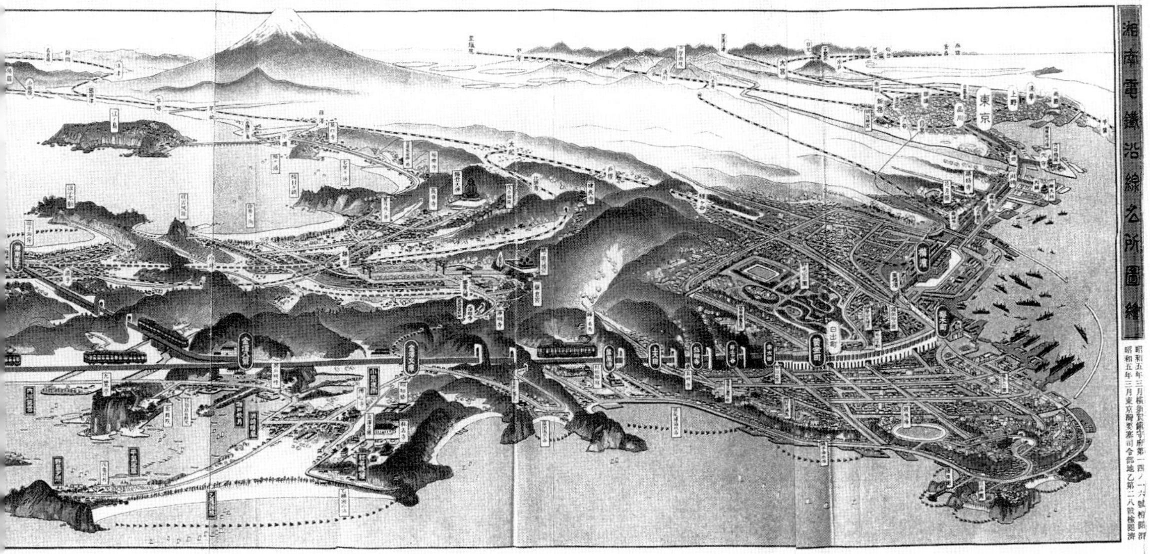

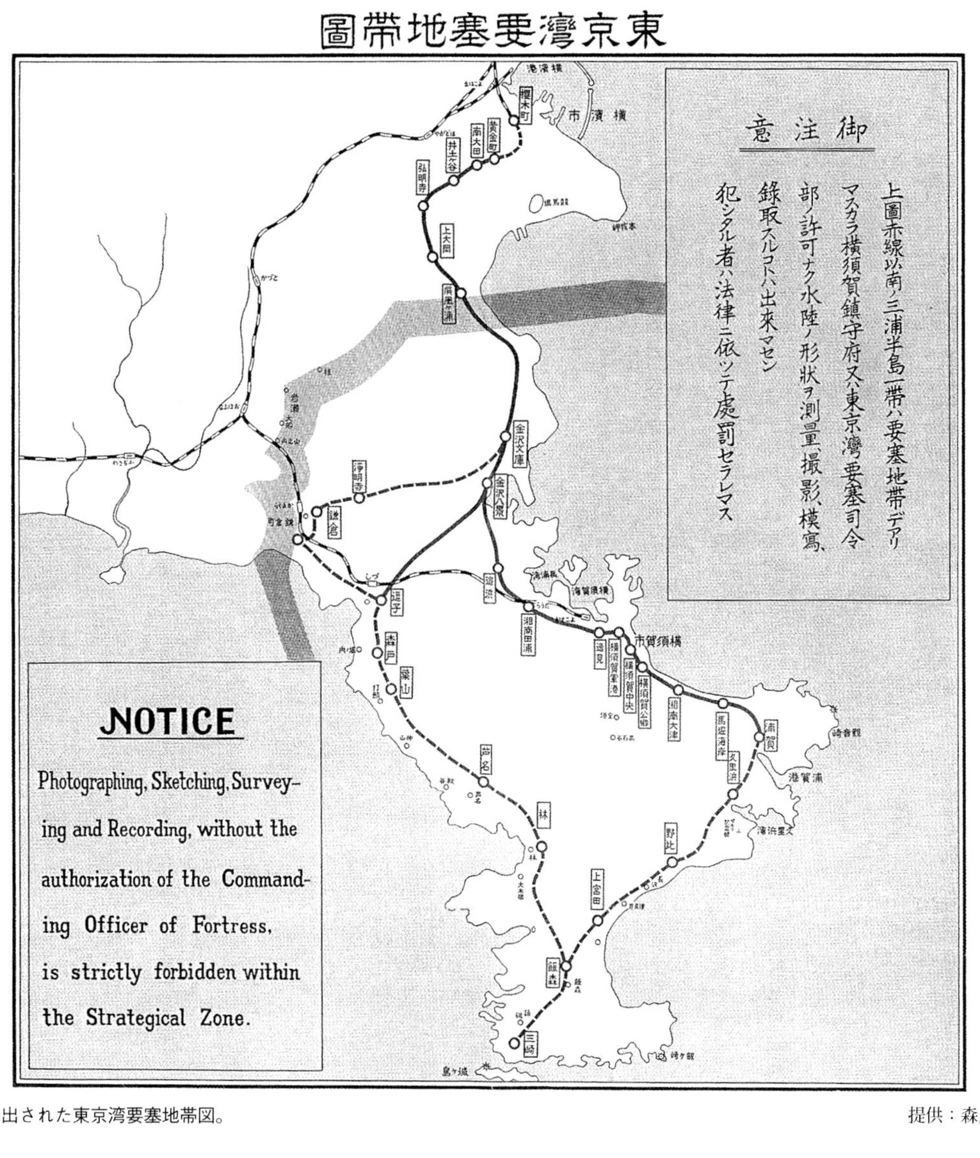

車内に掲出された東京湾要塞地帯図。

提供：森川敬之進

った）で「池月」と呼ばれて名を馳せた1889年英国ダブス製の1B1タンク蒸気機関車513・514号の２輌と４輪無蓋貨車４輌を購入して資材運搬が行われ、神戸の川崎車輌で製造されたデ１形も、開業の前年の秋頃から逗子を経由して金沢文庫駅に設けられた車輌基地に搬入された。変電所は金沢八景駅に隣接して瀬戸変電所を設けた。

横須賀線は大正時代に複線化と電化が行われ、当初は電車化を計画していたが、関東大震災の発生により製造中であった車輌は一部設計変更して都市部の被災車輌の補充に当てることになり、電気機関車牽引の運行となっていた。東京、横浜と横須賀を短絡する湘南電鉄の開業が迫ると時を同じくして、中央線の電化のために横須賀線の電気機関車を転用することによる電車化が急遽決まり、新たに設計・製造が急がれたがモハ32形電動車をはじめとした制御車および付随車の完成を待たずして、湘南電鉄開業の半月前３月15日という微妙なタイミングで電車化が実施された。車輌は各線からの寄せ集めの半鋼製電動車と木造付随車で半室二等車を組み込んだにわか造りの４輌編成が基本で、ホームは客車時代の低いままで乗降には段差が大きいという、いかにも湘南電鉄開業を多分に意識した見切り発車的な電車化であった。

2）湘南電鉄の運行

開業日の1930（昭和５）年４月１日は前夜からの春の淡雪の残る天候であったが、折しも「日本海海戦25周年記念、海と空の博覧会」が日露戦争の日本海海戦でロシアのバルチック艦隊を殲滅した東郷平八郎率いる連合艦隊の旗艦「三笠」が保存されている横須賀が第二会場として開催されており、加えて数日前から地元地方紙である横浜貿易新報（現：神奈川新聞の前身）で湘南電鉄の写真入りの紹介記事（８頁参照）が連載されたこともあり、新線開業の物見客を加えまずまずのスタートであった。４月５日には黄金町高架下で開業記念式典が行われた。

全列車は各駅に停車する普通列車で、本線黄金町～浦賀間は45分、逗子線金沢八景～湘南逗子間は８分の所要時分で14分間隔運転を基本として、朝夕の混雑時間帯や休日の多客時は７分間隔の運転とした。基本１輌の単行で、混雑時に金沢文庫で１輌を増結、２輌編成での運転であった。

大きな窓をはじめ初期の鋼製車輌にみられる鈍重さはなく、片隅式の運転台は上部の仕切りを設けず、座席を車端まで設け眺望に優れた軽快なデ１形は、当時街を闊歩していたモガ（モダンガール）やモボ（モダンボーイ）になぞらえてモデン（モダン電車）と呼ばれた。開業当初は屏風ヶ浦（現：屏風浦）を出ると金沢文庫まで途中駅はなく、風光明媚な区間を快走し黄金町～浦賀間を45分で走破したが、その後中間に杉田と湘南富岡（現：京急富岡）が開業、運転時分も48分に伸びている。引き続き横須賀公郷《くごう》（現：県立大学）と湘南大津（現：京急大津）間に横須賀堀内（現：堀ノ内）も開業している。なおこれらの駅は当初、仮駅扱いとなっていた。

逗子線の分岐駅である金沢八景駅を浦賀方から見る。左には瀬戸変電所が見え、上り線にはデ１号、下り線にはデ16号が停車している。
提供：京急電鉄

3) 京浜電鉄との接続

湘南電鉄は横浜の起点を他社線との連絡のない黄金町として開業したため、営業成績は芳しいものではなかった。京浜電鉄は横浜市内で湘南電鉄と連絡、品川～浦賀間の直通運転を実現するため、横浜～黄金町間の連絡線の建設をすでに湘南電鉄開業前から着手していた。その開業までの間はバスによる連絡運輸が行われた。京浜電鉄はかつて横浜市内の延長線として認可申請を行った長者町までの一部の戸部～日ノ出町間を生かし、横浜駅から平沼を経由して戸部に至る高架線として、日ノ出町に変電所を設け1,435mm軌間、架線電圧600Vの地方鉄道による横浜市内線の建設に着手、湘南電鉄も桜木町方面への延長を目指していた高架線の途中で京浜電鉄線の延長線と合流する路線として決定した。京浜電鉄の横浜と黄金町間は連絡バスを運行していたが、1931(昭和６)年12月途中に平沼(現:廃止)・戸部・日ノ出町駅を設けた京浜と湘南を結ぶ路線が開業した。京浜と湘南の分界点は日ノ出町と黄金町の中間にあったが、京浜にはこの区間を運行でき

一日から走る
湘南電鐵
『モ・デン』のトップを切る
記者の試乘記（1）

横浜貿易新報　昭和五年三月三十日号

あすから走る
湘南電鐵
都合の悪い要塞地帶
氣の利いた驛名と驛の建物
記者の試乘記（2）

横浜貿易新報　昭和五年三月三十一日号

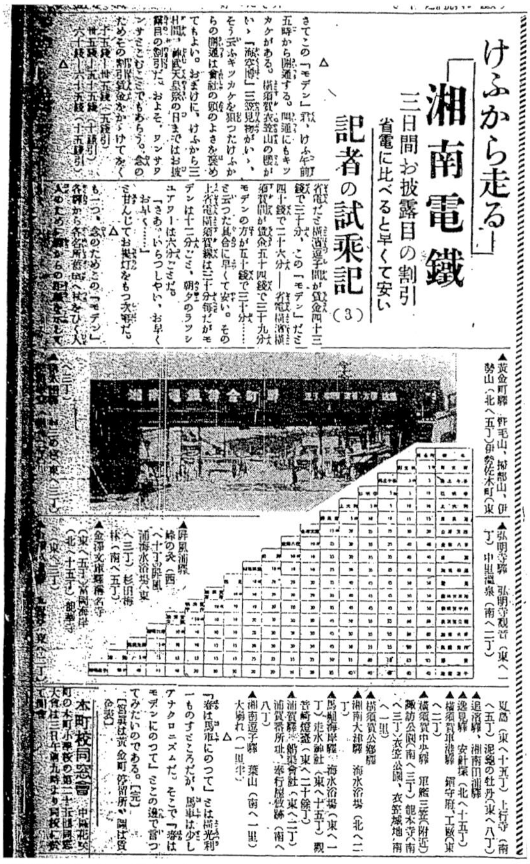

けふから走る
湘南電鐵
三日間お披露目の割引
省電に比べると早くて安い
記者の試乘記（3）

横浜貿易新報　昭和五年四月一日号

モボとモガに扮したモデルを使った広告写真　デ1形車内

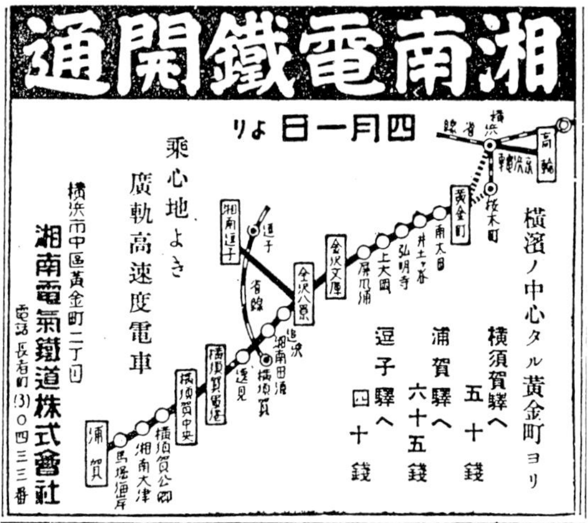

東京朝日新聞　広告　昭和五年四月三日号

る車輛がないので湘南のデ１形を２輛借用という形をとって運行された。横浜では軌間が異なるため同一ホームでの乗り換えが行われた。これにより600Vと1,500Vとの異電圧接続区間の分界点が生じ、黄金町と南太田の中間地点に127mの無電圧区間を設け、この区間を通過中に運転士操作により機器の電圧を切り替えることになった。これは京浜の改軌が実現した時点で600V車を横浜の繁華街である伊勢佐木町の至近駅である黄金町まで乗り入れる計画があったからである。

一方で北品川から東京市電との相互直通運転を目指し、長年をかけて実現した東京の起点として延長開業した高輪駅は、東京でのターミナルビルの嚆矢となったが、北品川で市電に乗り換えてしまう輸送形態は変えることができず、すでに車輛の大型化と高速化そして輸送量の増加に対して、すべての点で容量の小さい路面交通への乗入はもはや時代遅れで、将来性からみてこれに代わる東京市内中心部に至る延長として、地下高速鉄道に着目していた。この構想により高速電車への質的な変更が求められ、路面軌道でスタートした京浜電鉄創業時の1,435mm軌間を東京市電と横浜市電への乗入れをもくろみ1,372mmに改軌したのだが、前述のようにその成果に満足を得られるものではなく、東京市電と決別して鉄道省品川駅の高架線による乗入れと湘南電鉄への直通運転を行うため、再び1,435mm軌間に改軌が行われることになった。

4）京浜と湘南の直通運転

1933（昭和８）年３月、京浜電鉄の区間を区切り進められた1,372mmから1,435mmへの改軌工事が完成、加えてこれまで東京市電との連絡を目指して設けられた高輪駅から、品川駅の開業とともに複電圧車の湘南デ１形と改軌のために用意された京浜のデ71形による品川～浦賀間の直通運転が４月１日から始まった。京浜電鉄は電気鉄道の黎明期に軌道システムで生まれており、その運行や施設は次第に郊外電車形態に移行しつつあったが、地方鉄道法による湘南電鉄の開業と直通運転開始によって一層の変革がもたらされた。しかしながらデ１形から始まる京浜・湘南の車輛では運転機器を操作する運転士のみの片隅式運転室であるため、車掌は客室内でドア開閉の合図をはじめ、

横浜を発車した湘南デ１形20号単行の浦賀行急行。　1939.8.29　横浜―平沼　P：宮松金次郎

京浜電鉄の改軌が完成して品川駅が開業すると、湘南電鉄デ１形が乗り入れてきた。背後にデ51形、デ41形が見える。 品川　P：杵屋栄二

乗車券の精算や、放送設備のない当時は肉声で停車駅案内を行うなど、京浜の軌道時代を受け継いだ面影を色濃く残していた。

　したがって、混雑時では車掌が後部の運転室内に入ることもあったが、基本的に人混みの客室内にあってその業務を行っており、ドアの開閉は車掌が確認して運転士にブザーまたは笛で合図を送り、運転士が手元の３点式ドア開閉器を操作していた。車掌は駅ごとに一旦車外に出て安全を確認、混雑する車内に乗客を押し込んで、ドアを押さえながら運転士に笛で合図を行い、閉まるタイミングで自分も車内に入っていた。相対式のホームばかりの京浜線はいいが、横浜から南太田までは相対式と島式の駅が交互にあって、一駅ごとに反対側のドアに向かわなければならず、身動きの取れない混雑時は、非常手段として車外のアンチクライマや連結器の上を伝って移動していた。また合図の笛は、上下列車で長短などを変えて吹鳴して区別していたが、たまたま島式ホームで上下列車が同時に停車、運転士が反対方向の列車の合図を勘違いしてドアを閉め発車してしまい、車掌が取り残されてしまうという悲惨な状況もあった。このような車掌の悲劇は、戦後大東急時代に製造されたデハ5400形から全室の運転室となり、車掌の居場所も確保されたいわゆる乗務員室となったことで解消されたが、車掌の合図により運転士がドア開閉操作する方式は都営地下鉄１号線(浅草線)相互直通運転にともなう機器操作統一による1966(昭和41) 年５月まで続けられた。

　一方、三浦半島は小規模なバス会社による路線網が広がり、一部は湘南電鉄の既成路線に並行するものや未成区間の路線もあり、半島の交通を一元化する目的もあって合併や買収が行われ、湘南半島自動車にほぼ一本化されていった。

横浜駅折返し線に停車する湘南電鉄デ１形6号。　横浜　P：杵屋栄二

先頭は京浜デ83形86号、後部は湘南デ１形23号の品川発浦賀行急行が鶴見川を渡る。　1939.8.16　鶴見市場―京浜鶴見　P：宮松金次郎

5）行楽輸送

しかし当時は世界恐慌の尾を引き不景気の真っただなかで、開業当初の初乗り人気が過ぎると旅客数は低迷、おまけに起点となる黄金町は他の路線との接続がないこともあり営業不振であった。職員は盛り場に出向き、バーやカフェの客に宣伝用のマッチを配ったりして営業に努めたという。ところが、屏風ヶ浦(現：屏風浦)以南の三浦半島全域は東京要塞地帯として写真撮影・スケッチが禁止で、立入り制限区域があり、地形図すら大正時代以降戦後までは発行されることがない地域であった。制限区域への立入りや写真撮影などが後を絶たず地元警察も手を焼き、車内に注意書きの掲出が行われた(５頁参照)。

しかし観光路線としてなんとか旅客を誘致したい湘南電鉄では、春秋のハイキング・夏の海水浴は徴兵制度下での国民の体力増進、海軍施設の見学は国威発揚という名目のもとに行われた。海水浴場に直営の海の家を設け、車内に扇風機の設備もない当時は納涼電車として夏期は室内灯を昼光色の電球に変え、さらに笠も青色のものと交換して涼感を演出した。

夏季の海水浴シーズンは大森、羽田、子安などが工業地帯に変貌し徐々に南下して、湘南電鉄路線の要塞地帯でありながら軍港から外れた富岡、金沢、逗子、馬堀などの海水浴場が開設され京浜・湘南による直営の海の家などを設け、また未成区間である三浦半島南部の三崎方面もバス路線との連携による旅客誘致を行った。このため通常ダイヤに臨時電車を割り込ませて運転され、車輌不足から京浜電鉄ではデ71形の新造によって余剰となった木造電動車のブレーキ方式をACMとしてデ１形やデ71形と連結をする制御車改造を行い海水浴輸送に使用した。こうして半鋼製の最新電車に外観も乗り心地もちぐはぐな明治・大正生まれの軌道線を走っていた木造制御車を連結した臨時電車が運転された。これらの木造制御車はシーズンオフには遊休車輌と化し、生麦の車庫で連なって留置されていた。

6）船車連絡列車「大島号」

東京湾汽船が伊豆大島(元村)、伊豆下田へ浦賀からの航路を開設したことにより、1935(昭和10)年７月から品川～浦賀～大島～下田の回遊ルートに品川から浦賀までの船車連絡列車「大島号」の運転が開始された。椿の花咲く頃だけではなく閑散期の冬期を除き通年で運行、京浜運輸課の女子職員を案内嬢として添乗したデ１形やデ71形の原則２輌編成で運転、平日は定期列車として１本(第一大島号)、繁忙期の休日は不定期列車(第二大島号)を含めて２本が運行された。途中大森海岸・京浜蒲田・京浜川崎・京浜鶴見・横浜・日ノ出町・黄金町・金沢文庫に停車し、所要87分(下り第一大島号)で大島、下田までの旅客のみ乗車が可能であった。同年９月からは停車駅に金沢八景・横須賀中央を追加、電車だけの利用者も乗車が可能となった。

その後本格的な定期急行運転が始まり、1937(昭和

女性の案内掛を乗せ、品川～浦賀間を走った急行「大島」号。
提供：京急電鉄

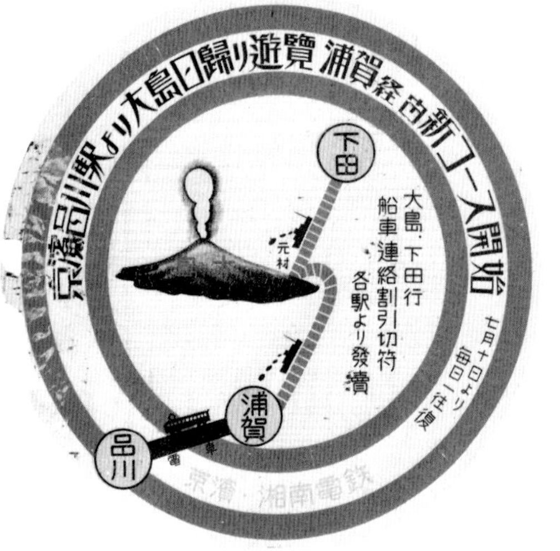

ドアのガラス部に貼られた船車連絡列車案内のステッカー。

12）年には新造船の就航をみたが１往復運転となり、上大岡行定期急行の前部に１輌増結として、上大岡で分割を行い臨時列車として浦賀に向かう形態に改められ、停車駅も日ノ出町までの京浜線は定期急行列車と同様で、湘南線は黄金町・上大岡・金沢文庫・金沢八景・横須賀中央とした。なお上り列車は北品川、平日下りは八丁畷にも停車した。しかし翌1938（昭和13）年春から８月末まで運転されたのが最後になった。

7）本格的急行運転

1936（昭和11）年12月25日より、途中に追い抜き設備を伴う急行運転を開始した。朝から夕方ラッシュ時まで12分間隔で運転された。待避設備は出村・生麦・仲木戸に設けられたが、生麦は出入庫のためであり、追い抜きは出村と仲木戸の２駅で行われた。急行運転区間は品川～上大岡間でそれ以遠は各駅停車とした。このため600V区間を上大岡まで延長して京浜の600V車の運用区間を拡大するため、1,500Vと600Vの分界点は上大岡から屏風ヶ浦に向かって510mの地点に135mの無電圧区間を設けた。また上大岡駅は600V車の折り返し列車のため、切り欠けホームを新設した。

8）忍び寄る戦時体制

湘南電鉄開業の翌年、1931（昭和６）年には満州事変が発生し、やがて常任理事国の地位にあった国際連盟からの脱退など日本は国際的に孤立へ向かっていった。空襲に備えて防空訓練が行われるようになり、市民生活にもきな臭さが漂ってきた。1938（昭和13）年９月12日から16日にかけて行われた防空訓練中の15日18時半頃、折しも薄暮の時間帯で灯火管制を行っていたこともあり、戸部駅で上大岡行普通に後続の浦賀行急行が追突、夕方のラッシュ時とあって負傷者130数名を出す事故が発生している。追突されたデ25号、追突したデ75号はそれぞれ前面、連結器、室内が破損した。こうした事故について戦前の新聞では事故車輌の車号が記事に記載されていたが、やがて防諜上から姿を消していった。

1939（昭和14）年３月には急行運転区間が品川～黄金町に縮小され、９月には輸送力増強のもと３輌編成運転の許可を得たが、即実施とはいかなかったようで実際に運転が行われたのは戦時下で大型車デハ5300形の投入や、急行の廃止、横浜での分断運転以降のようである。それについても京急の社史では何時からといった明記は見当たらないし目撃談も乏しい。

デ1形15号による弘明寺行普通列車。節電対策のため上大岡折返し列車を弘明寺行に変更して1運用を削減した。　横浜　P：杵屋栄二

水力発電が主流であつた当時は冬期の渇水期に電力事情がひっ迫することもあり、電力の軍事産業優先策による対策が取られ、輸送量は増加傾向にあるものの早朝深夜の列車運行の削減、運転区間の縮小などが図られた。

1941(昭和16)年11月、湘南電鉄と湘南電鉄未成線部分の輸送を担ってきた湘南半島自動車が京浜電鉄と合併、戦後成立した京浜急行電鉄の形がほぼ出来上がった。しかしこの裏側には京浜地下鉄道に端を発した東横電鉄による画策があり、東横から役員が送り込まれ五島慶太が社長にして東横の支配となった。そしてついに12月アメリカ、イギリスに対し宣戦布告し戦時下となった翌1942(昭和17)年5月には東京急行電鉄いわゆる大東急に飲み込まれてしまうことになった。

追い抜きを行う急行運転のために副本線が設けられた生麦駅では、通常追い抜きを行わず主として出入庫に用いられた。車庫線に新車のデ83形93号が見られる。
1936年頃　生麦　P：杵屋栄二

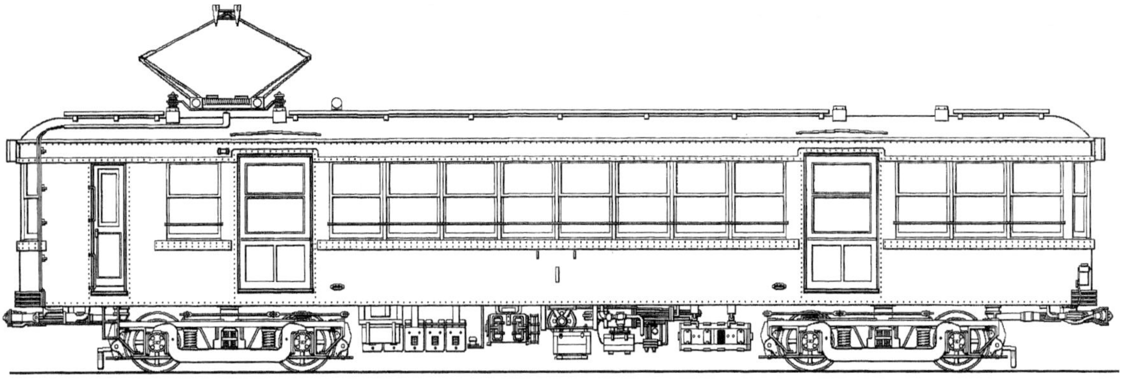

湘南電鉄 デ1形1～25　　作図：佐藤良介

2. 湘南電鉄デ１形

1930（昭和５）年４月１日黄金町～浦賀間、金沢八景～湘南逗子間を開業した湘南電鉄の車輌として25輌が製造された。湘南電鉄には京浜電鉄からの出向者や転籍者が多数を占めたが、大正時代に渡米して彼の地の電気鉄道を見聞した京浜電鉄の主任技術者曽我正雄が帰国後手がけたインターアーバンスタイルのトラスロッドを廃止した台枠構造にシングル屋根とした鉄骨木造車のデ41号形、鋼製車体構造による軽量化を図った半鋼製デ51号形の傑作車に続く郊外高速電車であった。車輌は、開業の前年の1929（昭和４）年の秋頃から神戸の川崎車輌から国鉄線で横須賀線逗子駅まで輸送、建設途上の逗子線を経て金沢文庫車輌基地に搬入され艤装工事が行われた。鉄道車輌は戦後まで車輌メーカーで完成した車体を自社工場で艤装するのが一般的であった。後に京急の主任技術者で副社長になった日野原保は京浜電鉄の実習生としてこの艤装工事に携わった（１頁の右から２番目の人物）。

川崎車輌から到着した艤装前のデ１号。
1929～30年　金沢文庫　提供：京急電鉄

なお開業の４月１日までに16輌の車輌竣功届出がなされ、残る９輌は４月以降５月までに届出が行われているが、13号の１輌だけは翌1931（昭和６）年５月29日と大幅に遅くなっており、その理由は不明である。

1）車体構造

デ１形の設計思想は後にOK台車を開発した川崎車輌技師長の岡村馨も、車体は軽量化を図り13t以下を目指したとあり、特徴は半鋼製として腰板を低く取り側窓の天地寸法が１ｍを超える大きなものであった。この時代、官民ともに鋼製車輌（半鋼製）が広まったのには、列車の高速化とともに安全性を求められたこともあるが、一説によると軍縮で艦船用鋼板の需要が減り、その余剰による鋼材の転用ともいわれ、デ１形の窓の大きい設計も無駄のない鋼板の採寸が影響しているとある。

車体は２扉セミクロスシートの半鋼製、長さ16.120m、幅2.54m　高さ（パンタ折りたたみ）3.935m、自重34tと、当時相次いで開業した関西の新規電鉄会社の車輌に較べで小型の車体は、京浜電鉄との直通運転を考慮した外形寸法にしたことによる。

台枠は車端の衝撃をボルスタで受け、側梁にも強度負担をさせて中梁の強度を軽減して軽量化を図った昭和20年代後半から登場した高性能車輌に見るような軽量設計が行われ、すでに製造に着手していた1929（昭和４）年11月に鉄道

湘南電気鉄道デ1形2号。側引戸脇の通風器と乗務員扉脇の取っ手が増設される以前のオリジナルの形態。　横浜　P：杵屋栄二

省に提出した設計認可申請に、「中央緩衝連結器を有し殊に床下に相当重量の電気器具機械類を懸垂する車輛に於いて中梁を側梁より小なる材料を使用し且つ各横梁部毎に切り「ガセットプレート」にて続き合わせたる構造は妥当ならざるを以って相当強度を有する通し材料の中央梁に改むること」と指摘があったが、これ

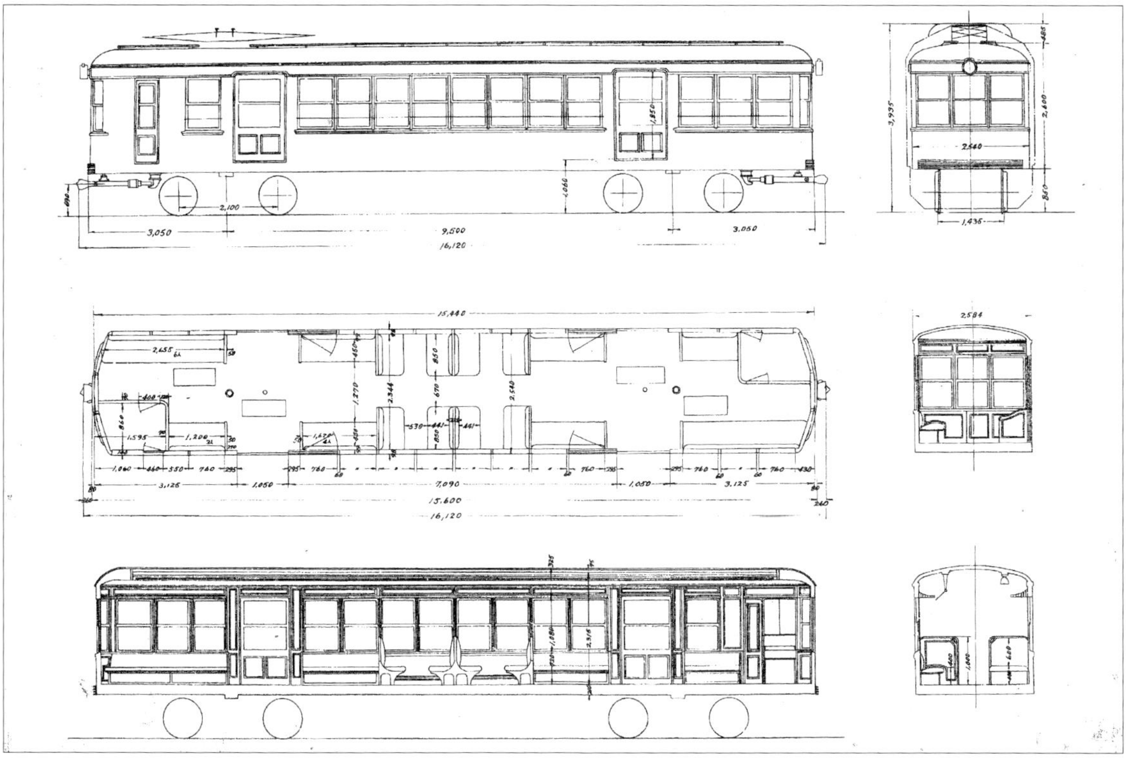

電動客車総括図　湘南電気鉄道 デ1形　提供：京急電鉄

湘南電鉄デ１形の車内。扉間の中ほどにボックス席がある。出入口部にあるセンターポールの浦賀方の内部には主回路が通っており、上部には左右に広告吊が延びていた。吊手はリコ式で、使用しない時はバネで跳ね上がっている。　提供：京急電鉄

■湘南電鉄デ1形　車歴表

<table>
<tr><th rowspan="2">形式番号</th><th rowspan="2">設計認可日</th><th rowspan="2">竣功届日</th><th rowspan="2">座席ロング
竣功届日</th><th colspan="2">大東急成立による改番</th></tr>
<tr><th>形式番号</th><th>竣功届日</th></tr>
<tr><td>デ1</td><td rowspan="25">昭5. 2.28</td><td rowspan="10">昭5. 3.24</td><td rowspan="25">昭15. 6.14</td><td>デハ5231</td><td rowspan="25">昭17.10.15</td></tr>
<tr><td>デ2</td><td>デハ5232</td></tr>
<tr><td>デ3</td><td>デハ5233</td></tr>
<tr><td>デ4</td><td>デハ5234</td></tr>
<tr><td>デ5</td><td>デハ5235</td></tr>
<tr><td>デ6</td><td>デハ5236</td></tr>
<tr><td>デ7</td><td>デハ5237</td></tr>
<tr><td>デ8</td><td>デハ5238</td></tr>
<tr><td>デ9</td><td>デハ5239</td></tr>
<tr><td>デ10</td><td>デハ5240</td></tr>
<tr><td>デ11</td><td>昭5. 5. 6</td><td>デハ5241</td></tr>
<tr><td>デ12</td><td>昭5. 3.24</td><td>デハ5242</td></tr>
<tr><td>デ13</td><td>昭6. 5.29</td><td>デハ5243</td></tr>
<tr><td>デ14</td><td rowspan="4">昭5. 3.24</td><td>デハ5244</td></tr>
<tr><td>デ15</td><td>デハ5245</td></tr>
<tr><td>デ16</td><td>デハ5246</td></tr>
<tr><td>デ17</td><td>デハ5247</td></tr>
<tr><td>デ18</td><td>昭5. 4.19</td><td>デハ5248</td></tr>
<tr><td>デ19</td><td>昭5. 3.24</td><td>デハ5249</td></tr>
<tr><td>デ20</td><td rowspan="2">昭5. 4.19</td><td>デハ5250</td></tr>
<tr><td>デ21</td><td>デハ5251</td></tr>
<tr><td>デ22</td><td rowspan="2">昭5. 5. 6</td><td>デハ5252</td></tr>
<tr><td>デ23</td><td>デハ5253</td></tr>
<tr><td>デ24</td><td rowspan="2">昭5. 4.19</td><td>デハ5254</td></tr>
<tr><td>デ25</td><td>デハ5255</td></tr>
</table>

に対し湘南電鉄は「台枠設計に当り御認可を受けて後製作に着手すべき所車輌竣功を急ぎし為め本設計書に準拠して製作致し候次第に有之且つ将来構成法に就きては充分考究の上御認可を相受候様可仕候間特別の御詮議を以て御認可被下度及御願候」として、平たく言えば事後報告で今後は仰せのとおりと致しますということで押切り、原設計のままに1930(昭和５)年２月認可を得た。この構造は半鋼製車輌の黎明期にみられる過剰な強度設計による重量増、または強度バランスの悪さや不足による車体の変形などが生ずることなく50年を超える使用に耐えた。

屋根は半径3,500mmの薄いシングルルーフで、側鋼体とは半径200mmの小曲面で結ばれている。頻繁に停車するので車内通風は充分として、屋上には雨漏りの原因となる通風器は設けないのが京浜からの伝統で、頂部に二列の歩み板を車長全体に設け、南方に集電装置を備え、母線や主回路は塞流線輪と避雷器から屋根を通して室内の掴み棒の中を通していた。北方にも集電装置取付台が設けられていたが、取付けられることはなかった。妻面は半径3,000mmの丸妻で、側構体とは半径120mm、屋根とは半径900mmの曲面で結び構成されている。この構体構成は京浜デ71形・

本格的に追い抜きを行う急行列車の運転開始までは、ホームの掲示板のように京浜蒲田までは穴守線直通列車の運行時間帯は浦賀直通列車が京浜蒲田までの間は途中追抜きを行わない、区間急行運転を行った。
品川　P：杵屋栄二

デ83形、湘南デ26形とも共通で、３扉車の京浜デ101形まで受け継がれ、後に京急の小型半鋼製車輛は統一性のある230形車輛群を構成することになる。

室内は側扉を中央に寄せ、旅客を中央部と車端部に均一に誘導する構成としており、湘南デ１形と京浜デ71形では中央部にボックスシートを左右２組ずつ設けていたが、その後の増備車のデ83形以降はロングシートに仕様変更されている。車端部には片隅式の運転室を設け、一方はロングシートの座席を車端まで設けた。運転室と客室との仕切りは腰板高さとして開放的な室内と車窓展望を演出して“モデン”と呼ばれた所以となり、帝都電鉄(現：帝王電鉄井の頭線)の開業に用意されたモハ100形などにその影響を与えた。

座席の表地は京浜の薄緑色に社紋を織り込んだモケットに対し紺色の無地で、その後デ１形の同形車やデ101形以降に引き継がれた。ボックスシートの通路側には車体幅が狭いこともあって、肘掛は設けられていなかった。これは戦後のセミクロスシート車500形も同様で京浜の特徴であり、肘掛が設けられたのはカルダン車の初代700形からであった。

側面の窓配置は、後部に後退した運転室の乗務員扉の後部に観音開きの機器箱を設けたので窓がなく、側扉との間には運転室後部に設けた座席に対応した側窓１つを配置する。側扉間は戸袋窓を含めて８枚の窓が並び、運転室のない側の座席のある車端部側は３枚の窓とする構成である。室内灯は乳白色の深い笠に半つや消しの60Wの電球を１車あたり８灯２列の16灯取付け、予備灯は両運転席仕切りの柱の頂部に１灯、１車あたり２灯を取付けた。暖房装置は各座席下の床に83.3V・500Wの電熱器を18個備えた。車掌から運転士への発車合図ブザーを出入口の車端寄り戸柱に４ヶ所備えた。室内の金具類は極力軽合金を使用、すべて宣徳《せんとく》色焼付漆塗装としている。

大きな窓が並ぶ軽快な側面ではあるが、運転室周りの乗務員扉と窓のない部分の鈍重さとオーバーハングの長い足廻りのアンバランスが独特なものとなった。妻は側窓と同寸法の３枚窓で構成された丸妻で、裾には車体全幅に及ぶ４枚歯のアンチクライマを備えている。運転室の仕切りは３枚窓の窓柱と揃わず中央窓側にはみ出している。他社の車輛では運転室の幅に合わせて中央窓を狭くする設計も行われているが、仕切りが腰板までのこともあって、窓寸法の統一と外観を重視したものと思われる。

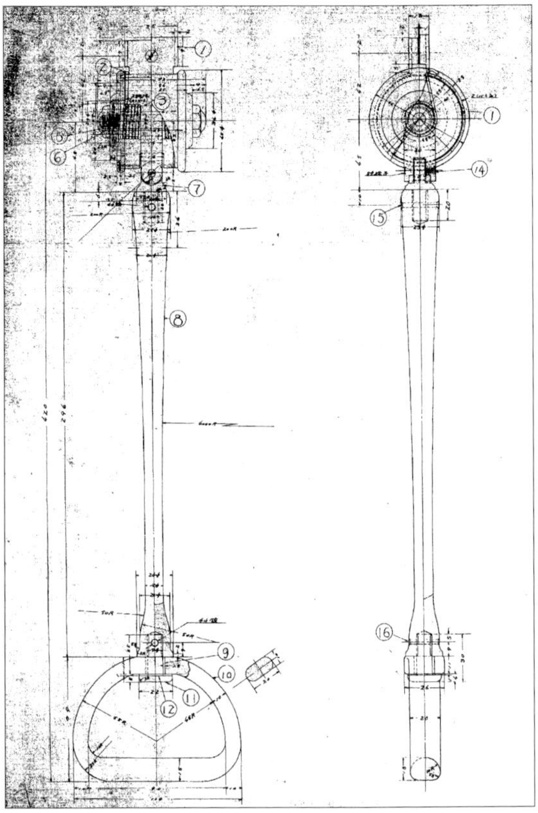

リコ式吊り手　提供：京急電鉄

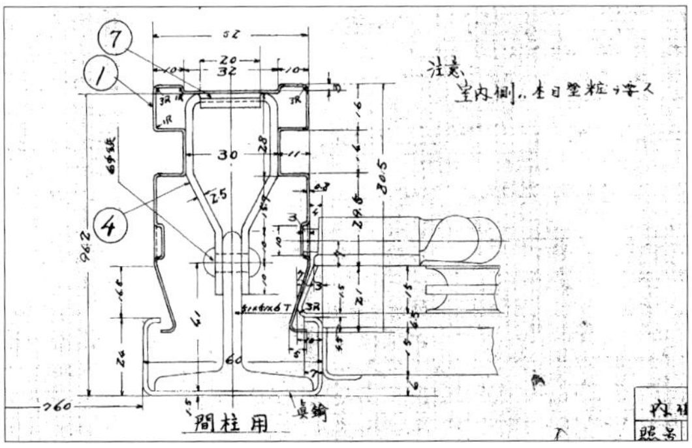

レニテントポスト　構造図　提供：京急電鉄

側窓の開閉にはレニテントポストを採用した。これは柱キセと窓枠の間のポストバネにより一定圧力で押さえられ、車輛の動揺によるガタつきがなく、雨水の浸入がないなどの特徴があったが、窓の開閉にはある程度の力が必要で、また開閉用の金具が下窓の中ほどの高い位置に取付けられていたので、子供などには少々扱いにくかったようである。カーテンは外側が黒、室内側が緑のレザー製で下部に芯棒が通っており、中央にツマミがあって指で摘むことによって左右の窓キセにある溝から引っ込み、任意の場所に下げ位置を変えることができるようになっていた。

吊手は京浜電鉄51号形や東京地下鉄道の1000形で使われていた、手を放すとばねで跳ね上がるリコ式を採用、全体が軽合金製で軽量化が図られた立派なものであった。

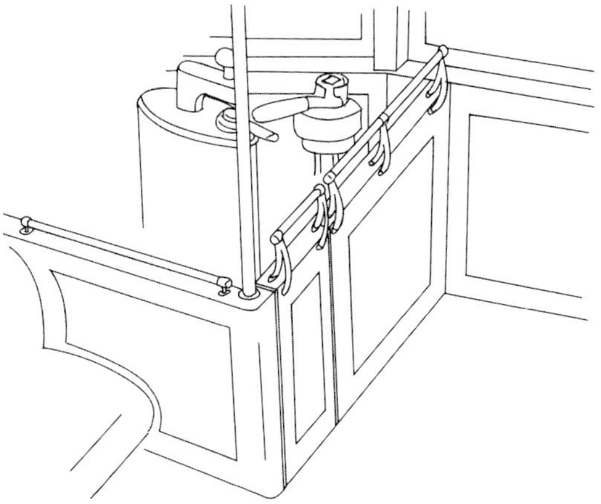

デ１形運転室囲いの図。実際の仕切り上部の手摺はこの図のようになっていた。　元図作成：森川敬之進

デハ248号より復元したデ１号(表紙参照)の車内(運転室部分)。600V／1500V転換開閉器や仕切り上部の手摺は琺瑯引きのものには復元されていない。壁面の禁煙板は保存車の規定によるもの。
1978.6　久里浜工場　P：佐藤良介

戸閉機は複動式のH-1を備え、操作は車掌の合図によって運転士が３点スイッチを操作して開閉を行った。これは以後、都営地下鉄との相互直通運転を始めることによる操作統一のため1967(昭和42)年５月まで京急では行われていた。

2) 主要機器

集電装置は東洋電機がゼネラルエレクトリック社の図面によって国産化して製造したA形のインチ寸法をメートル法で設計し、枠組などに改良を加えた東洋電機標準型のC2形パンタグラフで、バネ上昇・空気下降式であった。

主電動機は東洋電機のTDK553-Aで容量は125HP(93.25kW)、端子電圧750V、142Aで回転数は950rpmと当時としては高くとり(一般的には700～800rpm)軽量化が図られた。歯車比は58：20＝2.9であった。絶縁はB種であり、３輌分にはイングリッシュエレクトリック(EE)社のベークライズドコイルを使用した。また軸受には当時としては珍しいスウェーデンの軸受メーカーであるSKF(A.B.Svenska Kullager fabriken)社の球面コロ軸を台車軸受と共に使用している。

主制御器は間接自動制御装置として電動カム軸式を採用、東洋電機のノーマリーオープン接触器を上部に１列備え、電空式遮断器を内蔵した早切り装置付で直列５段、並列４段、弱め界磁１段(64％)としたES508-A電動カム軸複式制御器で、弱め界磁開閉器は別箱となっていた。

制御回路や電灯回路などの低電圧電源としての電動発電機は東洋電機のTDK307-A形で、複電圧のため電動機側は1,500Vと600Vの二重整流子、発電機側は105Vで回転数は2,300rpmと当時最高で独特の回転音を発した。容量は４kWで２輌分の電源を供給でき、535gと軽量であった。

京浜電鉄の600V区間への乗り入れを考慮に入れた複電圧装置は主電動機、主制御器(起動抵抗器、過負荷継電器、限流継電器)、電動発電機、空気圧縮機の電動機を転換開閉器によって直列(1,500V)、並列(600V)の切替えを行うもので、運転士は1,500Vと600Vとの接続区間に設けられた無電圧区間内で切替えを行った。

3) 制動装置と連結器

ウエスチングハウスエアーブレーキ(WABCO)の元空気溜管式自動制動(AMM-R)で、制動弁はM-24-C。以後京急では戦後のカルダン駆動、電気制動併用電磁直通制動(HSC-D)を採用した第一世代の高性能車の登場まで続く制動方式となった。

連結器は京浜電鉄が連結運転開始時に採用したウエスチングハウス社のK-1-A密着連結器で、２つの空気

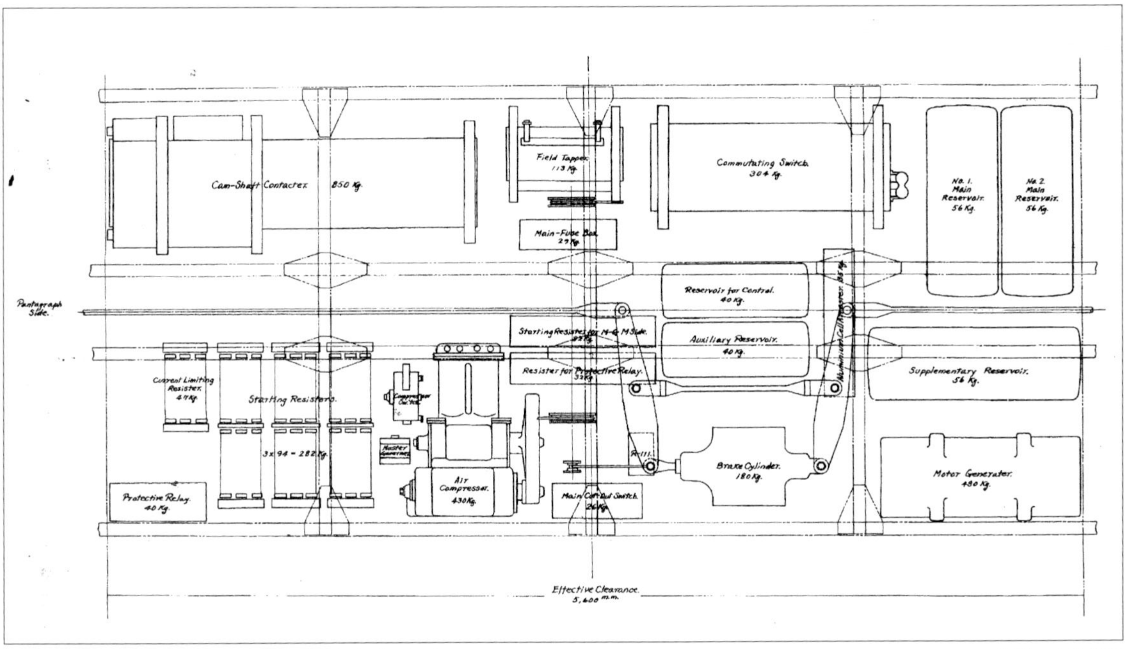

電動客車機械器具装置図（湘南電気鉄道株式会社）デ1形　　提供：京急電鉄

管と19芯電気連結栓を持つ密着連結器であり、後に国産化K-2-Aとして都営地下鉄１号線（浅草線）との相互直通運転開始のためNCB-Ⅱに交換されるまで使用された。

4）台車

汽車会社製のMCB規格のボールドウィン78-25-Aタイプを模倣した国産品で、車輪径はこれまでの京浜電鉄の車輌と同寸の840mm、固定軸は2,100mmで、台車間距離は9,500mmと短く取り、オーバーハングが3,050mmと大きく、京浜電鉄の急曲線を考慮したものと思われる。

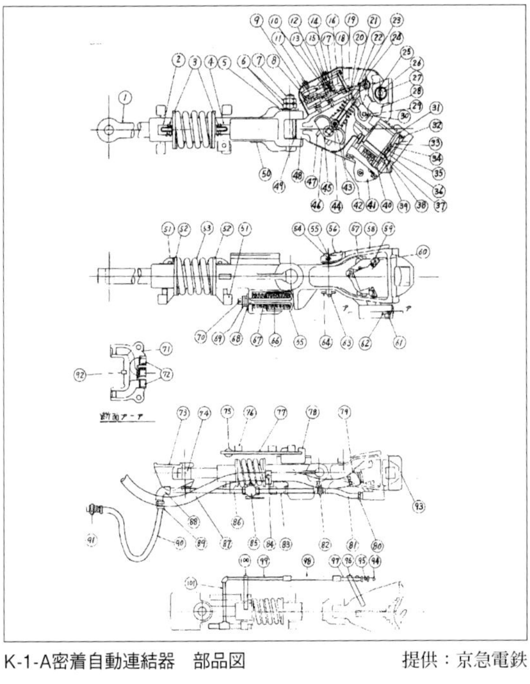

K-1-A密着自動連結器　部品図　　提供：京急電鉄

ちなみに京浜電鉄ではこれまで台車は電車台車の先進国であるアメリカ製の輸入品を使用しており、先の51号形ではブリル27-MCB-2を採用している。MCBとはMaster Car Builders Associationで後に米国鉄道協会の構造規格となったもので、釣合梁（イコライザ）方式の台車でボルスタとトランサムに吊られた下揺枕の間に重ね板バネを装備した構造で、インターアーバンの高速電車に多く採用されていた。大きな販路を持っていたブリル社の型鍛造ライセンスによる鍛鋼製台車枠は大量生産には向いているが、少量多品種生産の日本の電車にとっては国産化に向いていなかったのに対し、ボールドウィン社の形鋼の組み立て式のMCB規格の台車枠は製作の容易さなどからコピーによる国産化が図られた。またそれまでの台車の基本設計が主電動機を外吊りとしており、ブレーキシューが内側のみの片締めのため制動力不足が懸念されていたこともあって、内吊りとし両抱きとした。軸受には当時一般的な平軸受に代り、スウェーデンの軸受会社であるSKFの球面コロ軸を採用。翌年製造した電動無蓋貨車デト101・102号にも使用した。国内の製作会社では個々に台車形式を定めていない会社もあって、湘南電鉄ではMCB-Rと呼称された。

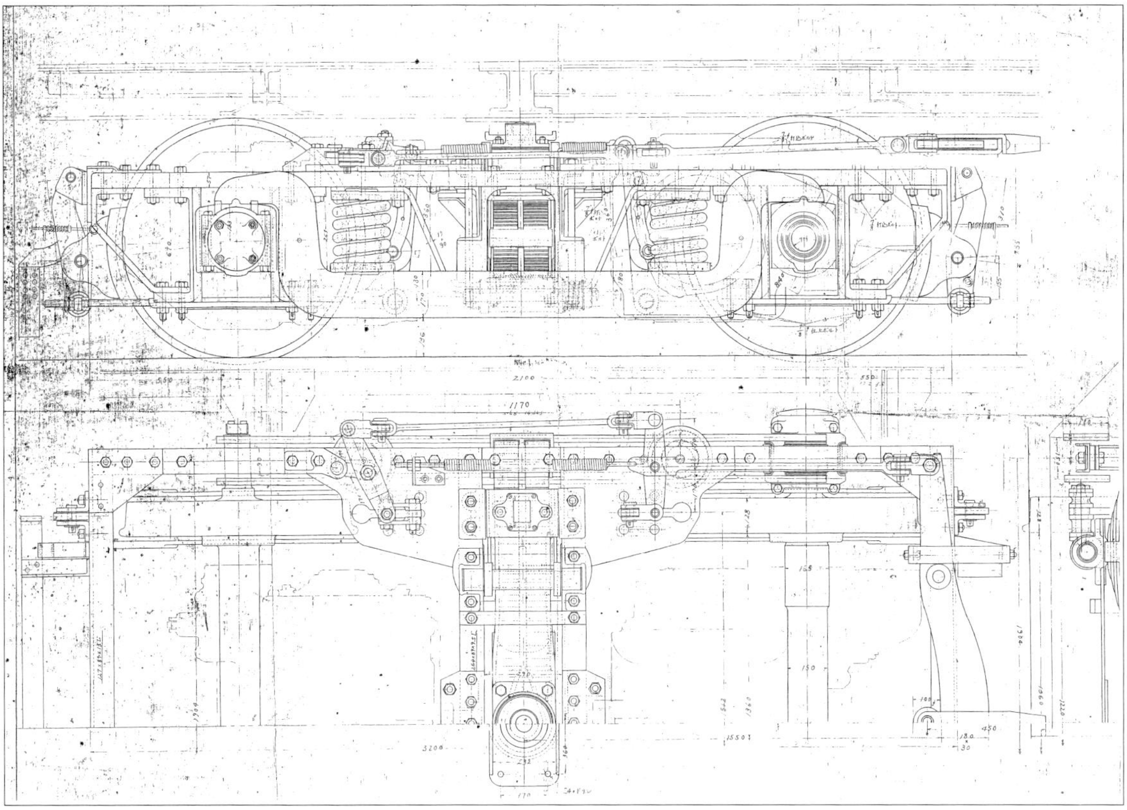

MCB-R台車　部品図　　　　提供：京急電鉄

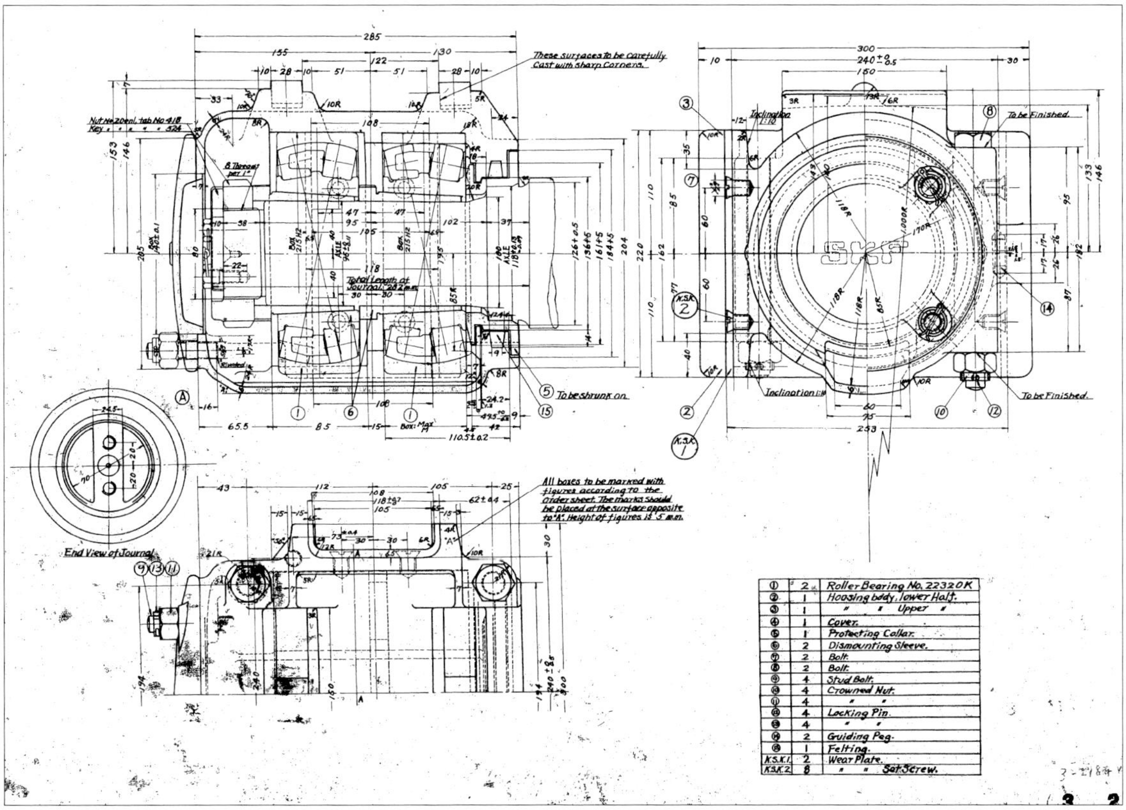

S.K.F. ローラーベアリング　部品図　　　　提供：京急電鉄

品川―北品川間にあった併用軌道区間を走る湘南デ１形17号。
1940.1.21　品川―北品川　P：高松吉太郎

かに

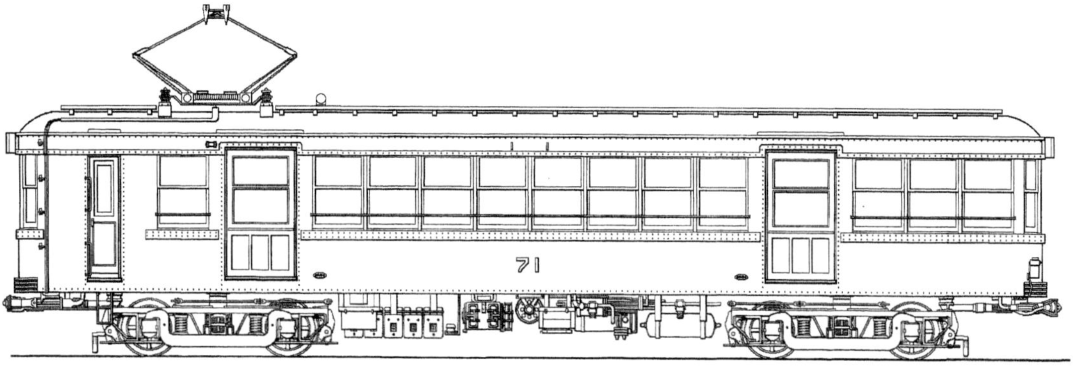

京浜電鉄 デ71形71～82　　作図：佐藤良介

3. デ１形の同形車

1）京浜電鉄デ71形

京浜電鉄は京浜・湘南電鉄との直通運転の構想に基づいて、湘南デ１形と同形の車輌を増備することになった。この準備のため先行してデ71形を12輌製造することになった。京浜電鉄初の地方鉄道車輌であり、重役会での稟議決定事項に「一流会社に発注すること」の一文が加えられている。1932（昭和７）年６月に設計認可、同年７月に４輌、８月に４輌、11月に４輌と竣功届が出された。

一部は改軌まで湘南電鉄に貸し出され、また横浜～黄金町間の1,435mm軌間の区間運転に使用した。1,435mmへの改軌は横浜方面から品川に向けて何回かに分けて順次行われ、改軌の済んだ区間から投入して、在来車輌の台車・車軸の改造、交換が行われた。

車体はデ１形と同形ながら、台枠は鉄道省の指示通り180mmの中梁を車端間に通した従来の構造に変更、床下機器の艤装は台枠構造の変更や検修の作業性を考慮して配置が変更となった。台車は平軸受の釣合梁式の汽車会社製2HEとなり、これらの変更点に起因したのか軌条面から車体下部までが25mm腰高になったが、車体自体の高さは変わらないので、屋根頂部までの寸法がそのまま25mm増となった。また連結器取付高さも同様に25mm高くなったが、K-1-A連結器には上下に遊びがあるのでデ１形とも連結可能であっ

京浜電鉄デ71形74号。湘南デ１形に比べ側引戸が木製に、側面行先板差しが窓下腰板部から幕板部に移動している。屋上では品川方の集電装置取付台が設けられず、歩み板の脚のピッチが狭くなった。台車は平軸受の2HEになったほか、床下艤装が変更されている。
川崎車庫　提供：京急電鉄

京浜電鉄デ71形の車内。デ１形に比べ、ボックスシート背もたれにある手摺の角度が変更されている。　1936.4.5　品川　P：土居一郎

た。集電装置はC5形に変更となりデ１形と同じく南方に装備したが、北方の屋根上に集電装置取付台は設けられなかった。主電動機は三菱製の容量が125HP(93.25kW)、端子電圧750Vなど、TDK553-Aとほぼ同性能のMB-115-AFに変更され、定格回転数が800rpmで若干低く歯車比が57:20の2.85に変更された。また主制御装置は逆転器がいつでも転換できるES508-Aから、減流器がオフになっていないと逆転器が転換できないような安全機能が追加されたES510-Aに改めた。電動発電機はTDK307-A'。空気制動装置はデ１形と同様AMM-Rであるが、国産化されて日本エアブレーキ製となった。戸閉機はEG-11E

デ71形75号の海側床下。デ１形では電動発電機が装架されているところに元空気ダメが装架されるなど、床下艤装配置が変化している。
生麦車庫　P：杵屋栄二

■デ71形車体見付

提供：京急電鉄

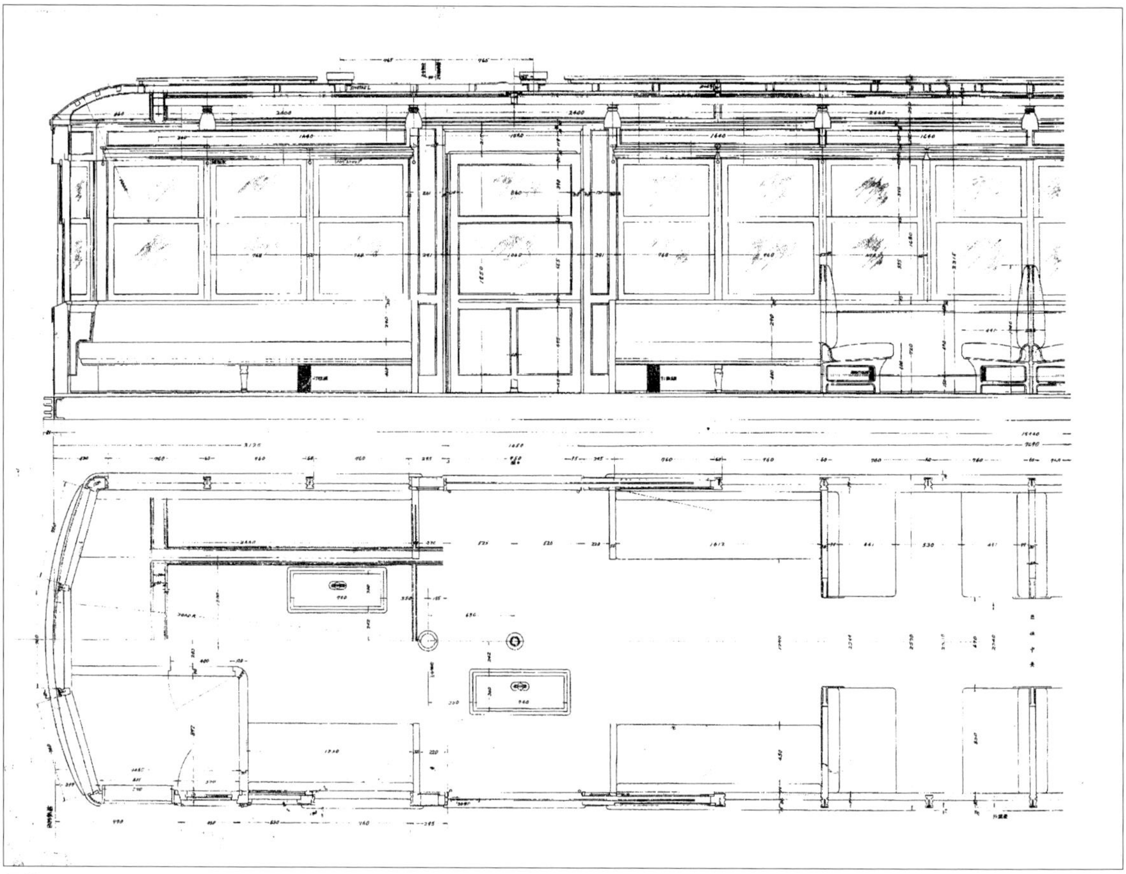

見付1

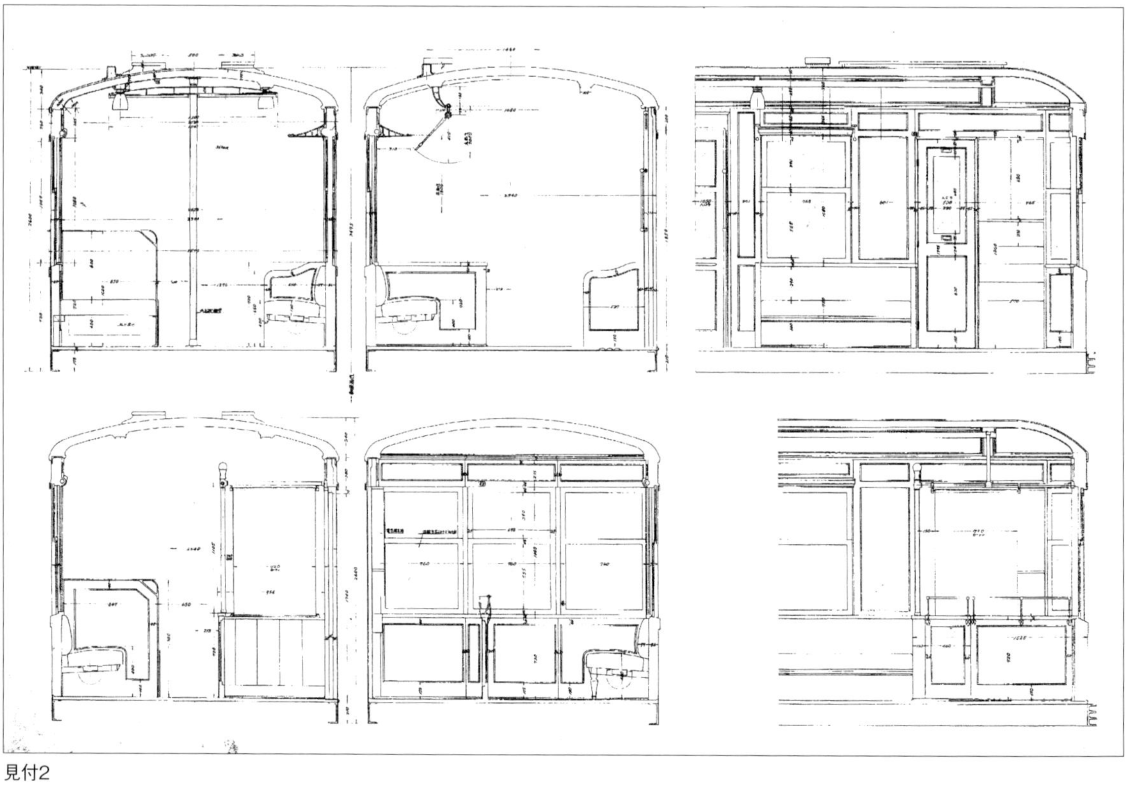

見付2

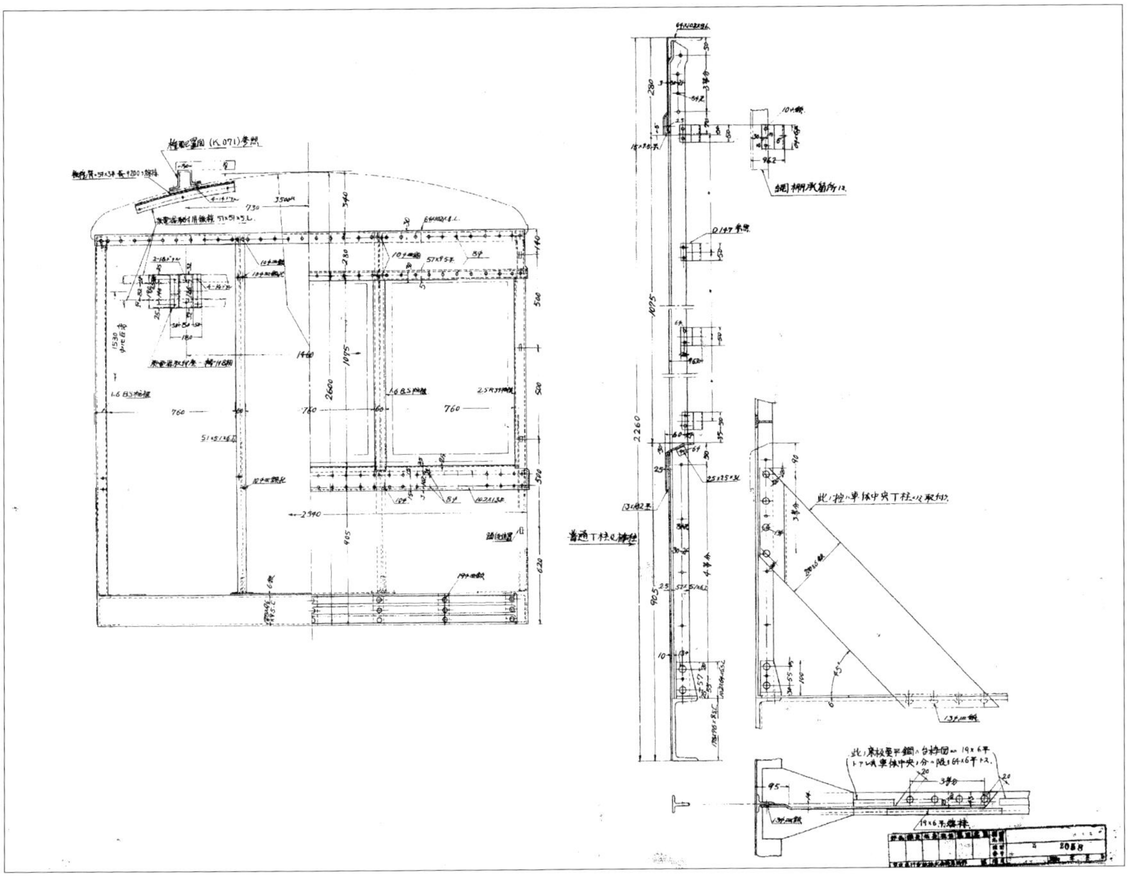

見付3

に変更となった。

内装の材質はチーク材がラワン材に、欅の無垢材が桜のベニアに変更された。また、ボックスシートの通路側に設けた立客のための手摺の角度が変更された。側引戸は軽合金製から木製に変更となり、台車をはじめいささかコストダウンが図られた。電動発電機開閉器を側面の器具箱に納めることで運転室の長さを130mm狭め、その分座席が延長された。このため乗務員扉の位置が70mm車端寄りに移動、扉の幅は460mmから450mmとわずかながら狭くなった。そのほか側窓下にあった行先方向板掛けが窓上の幕板部に移動した。

京浜ではこの12輌を投入することにより、旧来の木造車のうち車齢の高い車輌の電装を解除、制動方式をACM-R自動ブレーキに改造、夏期の海水浴シーズンなどの繁忙期にデ71形および湘南デ1形との連結運転が行われた。

■京浜電鉄デ71形　車歴表

形式番号	設計認可日	竣功日	座席ロング	大東急成立による改番		戦災被災	戦災復旧		AFS設置日
			竣功届日	形式番号	竣功届日		形式番号	完成日	
デ71	昭 7. 6.22	昭 7. 7.20	昭15. 5.	デハ5256	昭17.10.15				
デ72				デハ5257					
デ73		昭 7. 7.30		デハ5258					
デ74				デハ5259					
デ75		昭 7. 8.18		デハ5260					
デ76				デハ5261					
デ77				デハ5262					
デ78				デハ5263					
デ79		昭 7.11.26		デハ5264					
デ80				デハ5265		昭20. 5.29	クハ5359	昭22. 6. 1	昭23. 9.31
デ81				デハ5266					
デ82				デハ5267					

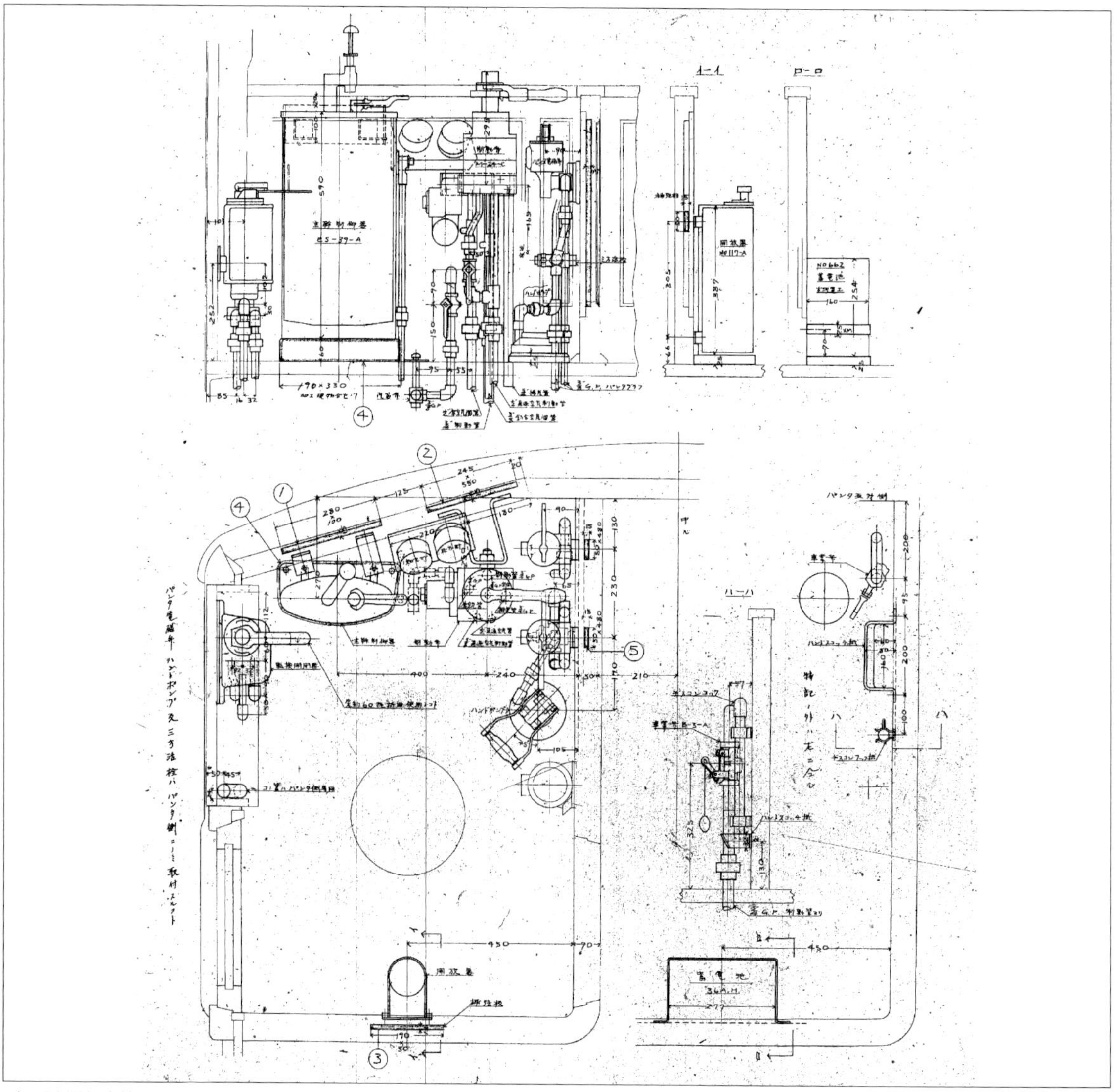

デ71形 運転室機器配置図

提供：京急電鉄

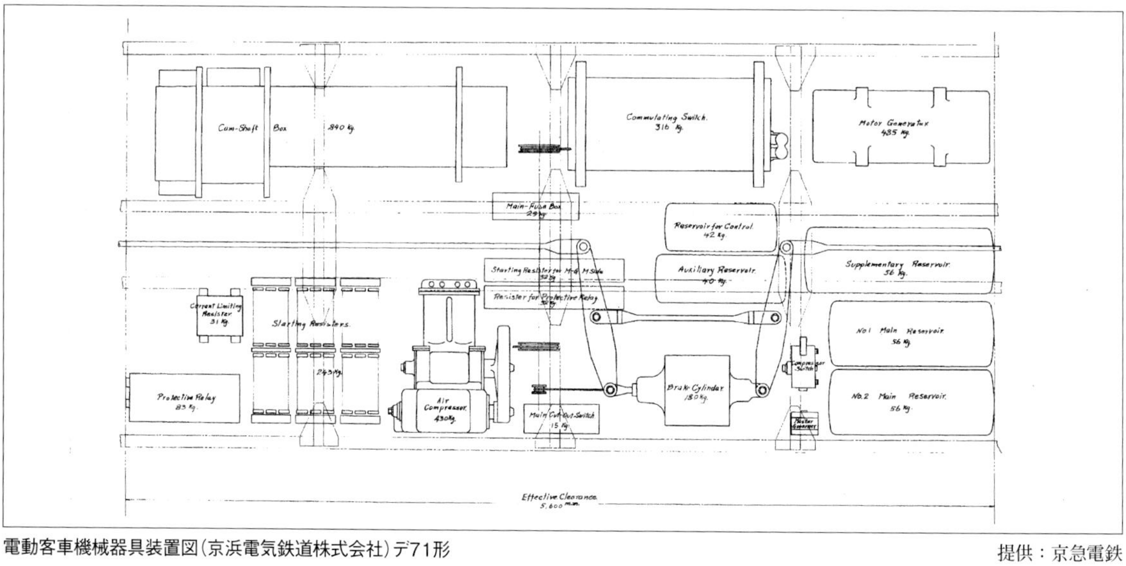

電動客車機械器具装置図（京浜電気鉄道株式会社）デ71形

提供：京急電鉄

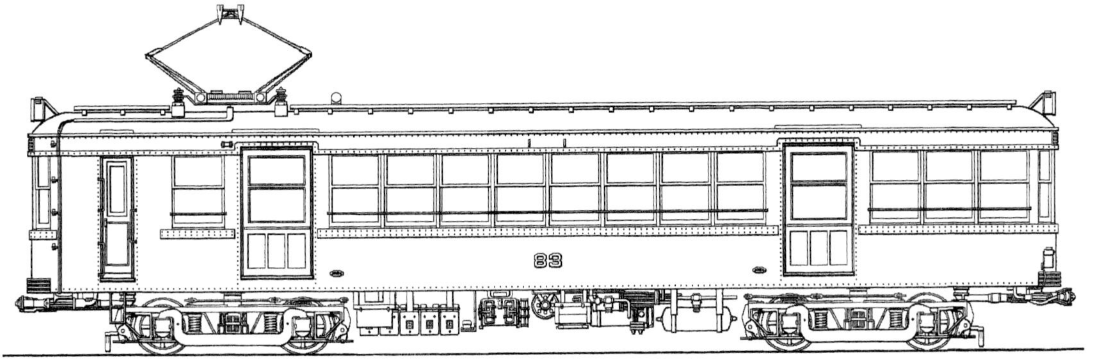

京浜電鉄 デ83形83～94　　作図：佐藤良介

2）京浜電鉄デ83形

日本は中国東北部の権益拡大によりきな臭い時代が忍び寄ってきた。これに伴い、いわゆる軍需景気により工業界は増産に拍車がかかった。国力をはるかに超えた軍事力の増強は国民生活を圧迫、国際的には孤立を招きやがては破滅の道に向かうことになるが、これが戦争景気となって乗客数は上向きに転じ、1936（昭和11）年12月、京浜電鉄は途中で追い抜きを行う本格的急行運転を開始、黄金町～上大岡間を600Vに降圧して普通列車用の600V車の運用範囲を広げた。

これによる輸送量の増加に、デ71形の増備車としてデ83形12輌が製造されることになった。1936（昭和11）年10月27日設計認可、同年12月に竣功届が出された。旅客数増加の混雑に対応してささやかなクロスシートは消え、オールロングシートに変更された。運転妻幕板部に通風口が設けられたので、前照灯は屋根上に移動された。室内灯は２灯増設して18灯となった。運転室の乗務員扉の手摺が扉の蝶番側にも１つ増設され、同時期にデ１形やデ71形にも増設された。

京浜電鉄デ83形92号の浦賀行急行列車。デ71形とは前照灯の位置と正面幕板部の通風口の有無が異なる。1937年　青物横丁　P：高松吉太郎

1936(昭和11)年12月、途中追い抜きの急行運転に備えて製造されたデ83形93号。新造間もない頃。
1936年頃　生麦車庫　P：杵屋栄二

■京浜電鉄デ83形　車歴表

形式番号	設計認可日	竣功日	大東急成立による改番		戦災被災	戦災復旧		AFS設置日
			形式番号	竣功届日		形式番号	完成日	
デ83	昭11.10.27	昭11.12.16	デハ5268	昭17.10.15				
デ84			デハ5269					
デ85			デハ5270					
デ86			デハ5271					
デ87			デハ5272					
デ88			デハ5273					
デ89			デハ5274					
デ90			デハ5275					
デ91		昭11.12.24	デハ5276					
デ92			デハ5277					
デ93			デハ5278					
デ94			デハ5279		昭20. 5.29	クハ5360	昭22. 8. 1	昭23. 9.10

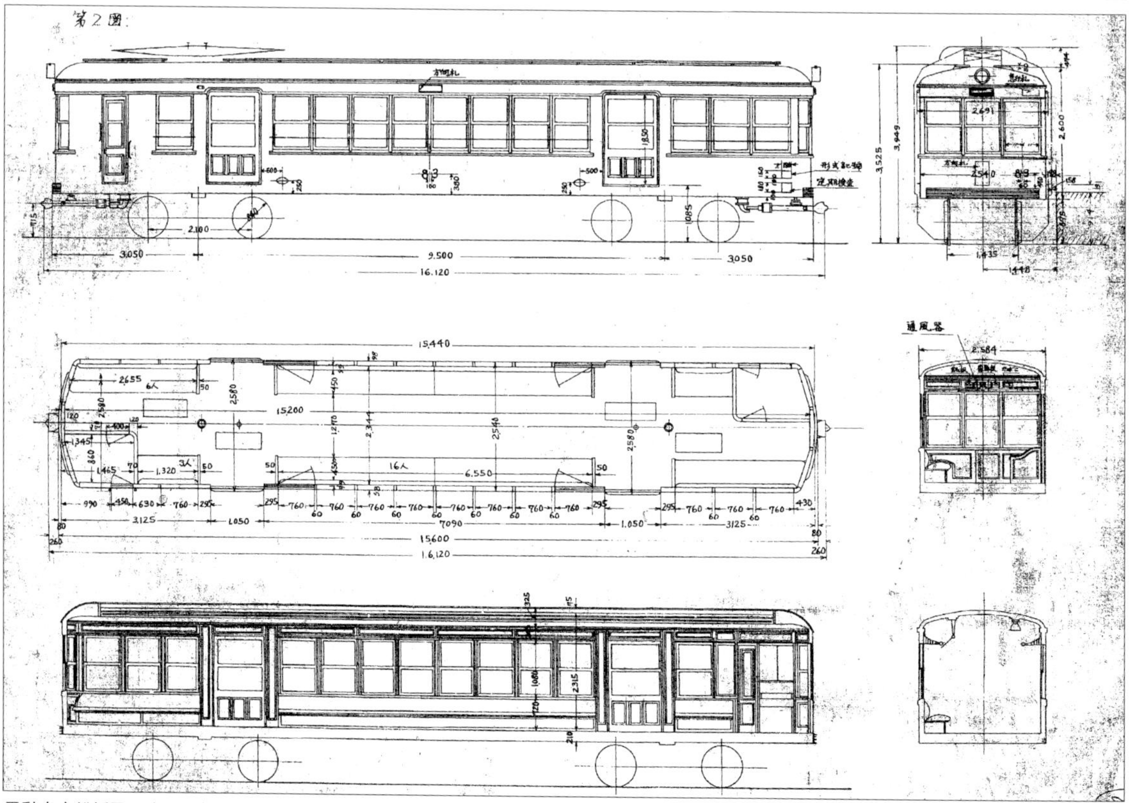

電動客車総括図　京浜電気鉄道 デ83形

提供：京急電鉄

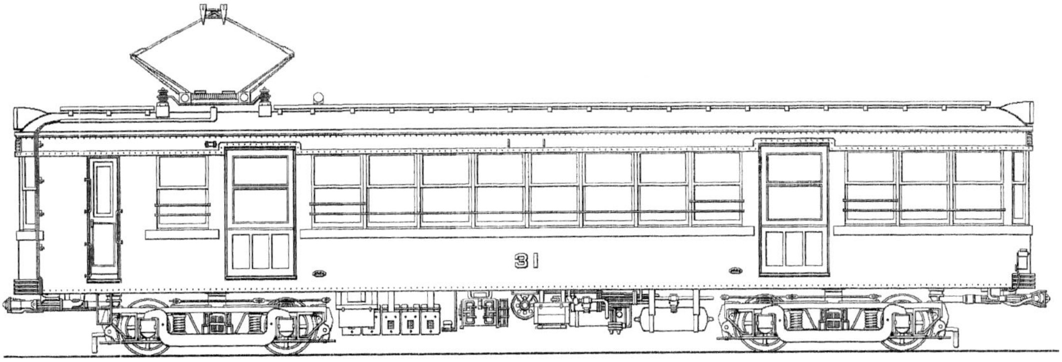

湘南電鉄 デ26形26～31

作図：佐藤良介

3）湘南電鉄デ26形

湘南電鉄も横須賀の海軍施設の拡充により宿舎が周辺に建てられ、通勤者の増加が著しいことから、デ83形と同形の増備車としてロングシートのデ26形が6輌製造されることになる。1939(昭和14)年8月設計認可を得、9月には竣功届がなされている。

概ねデ83形と同じだが、車体はこれまでより溶接工法が取入れられ、ウインドシルや扉周りのリベットが姿を消した。側窓の保護棒は側引戸の左右が2本に増設された。また全周に木製雨樋が設けられ、前照灯は後部にカバーを付けたものとなった。主制御装置はES510-Aの遮断器に改良を加えたES510-Bに変更となり、電動発電機はTDK307-2Aとなった。これまで品川方のみ設けられていた車掌弁が両側の運転室に設けられている。

湘南電鉄 デ26形31号。リベットが大幅に減少し、雨樋が設けられた。
北馬場 P：鈴木靖人

■湘南電鉄デ26形　車歴表

形式番号	設計認可日	竣功日	大東急成立による改番		戦災被災	戦災復旧	
			形式番号	竣功届日			
デ26	昭14. 8.28	昭14. 9. 7	デハ5280	昭17.10.15			
デ27			デハ5281				
デ28			デハ5282		昭20.5.29	クハ5361	昭22. 6. 1
デ29			デハ5283				
デ30			デハ5284				
デ31			デハ5285				

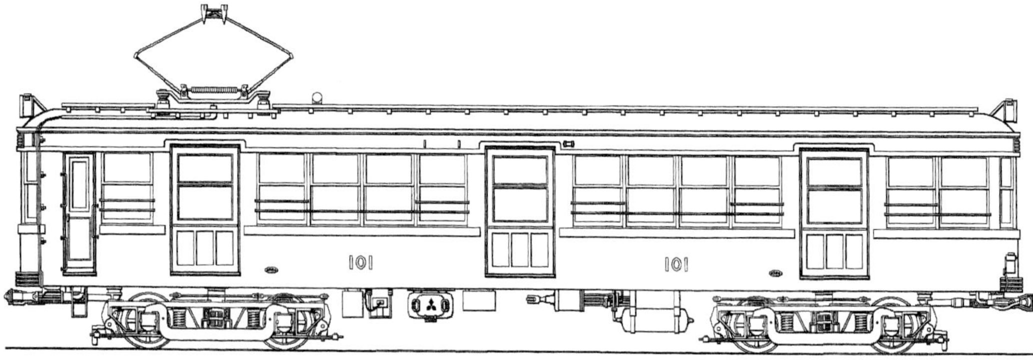

京浜電鉄 デ101形101～108

作図：佐藤良介

4）京浜電鉄デ101形

京浜電鉄の既存の軌道系木造車輌は、すでに電装解除して1,500V用制御車としたものと、電動車として残っていたデ14形(14～17)、デ32形(32・34・35)、デ36形(36～39)、デ40形(40～50)のうち、総括制御装置がないデ32形とデ36形7輌を支線運用とするため、京浜本線600V専用車の増強のため3扉ロングシート車としたデ101形が8輌製造された。汽車会社東京支店製で自重30t、定員100名で1939(昭和14)年9月に設計認可を得、翌1940(昭和15)年2月から4月にかけて3回に分けて竣功届がなされた。外見、室内はデ1形を3扉車にアレンジした形態であるが、制御装置は単位スイッチ式間接手動進段の三菱HL、空気制動方式はデ51形のGE方式からWH方式に変更となった三菱の非常直通SMEで、制動弁はM-20-Aであった。デ1形などAMM-R車や1,500V制御車改造された軌道線の木造車のACM車とは連結運転は不能であった。電動空気圧縮機はDH-25、主電動機は三菱の59.68kWのMB-177-Aで回転数は800rpm、歯車比は69:22＝3.14とした。

集電装置は東洋電機のC-5に較べ大振りだが、菱形

京浜電鉄デ101形(101号・海側)。600V区間の総括制御車だがHL制御・SMEブレーキ方式で、デ71形やデ83形とは連結運転はできない。パンタグラフはPS12で、大振りだがC2・C5に比較して華奢な感じがした。
1940.3.20　川崎車庫　P：宮松金次郎

■京浜電鉄 デ101形 車歴表

形式番号	設計認可日	竣功日	大東急成立による改番		戦災被災	戦災復旧		AFS設置日
			形式番号	竣功届日		形式番号	完成日	
デ101	昭14.9.23	昭15. 2. 9	デハ5171	昭17.10.15	昭20. 4.15	クハ5351	昭21. 9.24	昭22. 4.30
デ102			デハ5172			クハ5352	昭21.10. 9	昭22. 6 15
デ103		昭15. 4. 8	デハ5173			クハ5353	昭21.11.12	昭22. 5.19
デ104			デハ5174			クハ5354	昭21.12.15	昭23. 9.25
デ105			デハ5175			クハ5355	昭22. 3. 6	昭23. 9.19
デ106		昭15. 4.26	デハ5176			クハ5356	昭22. 6. 1	昭23. 9.12
デ107			デハ5177			クハ5357	昭22.12. 1	昭23.10. 1
デ108			デハ5178			クハ5358	昭22.11.19	昭23. 8.31
				デハ5265→	昭20. 5.29	クハ5359	昭22. 6. 1	昭23. 9.31
				デハ5279→		クハ5360	昭22. 8. 1	昭23. 9.10
				デハ5282→		クハ5361	昭22. 9.21	—

枠の部材は細く、下枠はカメラの三脚のように途中で太さが変わる丸棒構造のPT12であった。PT12はPT12AとPT12Bがあり、Aは折りたたみ・最高および最低動作・突放のそれぞれの高さを低くしたものであった。同時期に軌道線車輌の集電装置がポールからパンタグラフに変更が行われ(改パンと呼ばれた)、各形式による作用高さなどの異なる日本鉄道自動車工業(後の東洋工機)製のNTシリーズが数種製作されている。

台車は従来からの汽車会社の2HEであるがブレーキロッドが長いのが特徴であった。

運転室は湘南デ1形から続く腰羽目板で囲まれた開放的な造りを踏襲したが、600Vの単電圧でHL車でもあるため、機器類が小ぶりで奥行きが狭められた。吊手はリコ式ではなく一般的な吊手を採用。室内灯は110V80Wを4灯2列の8灯、座席下に暖房装置を備えた。この側扉間4枚の側窓の両側運転台の形態は、その後登場する大型車デ200・250形(大東急時代デハ5300形として就役)からデハ5400形、戦後の京急デハ420形に継承されてゆくことになる。

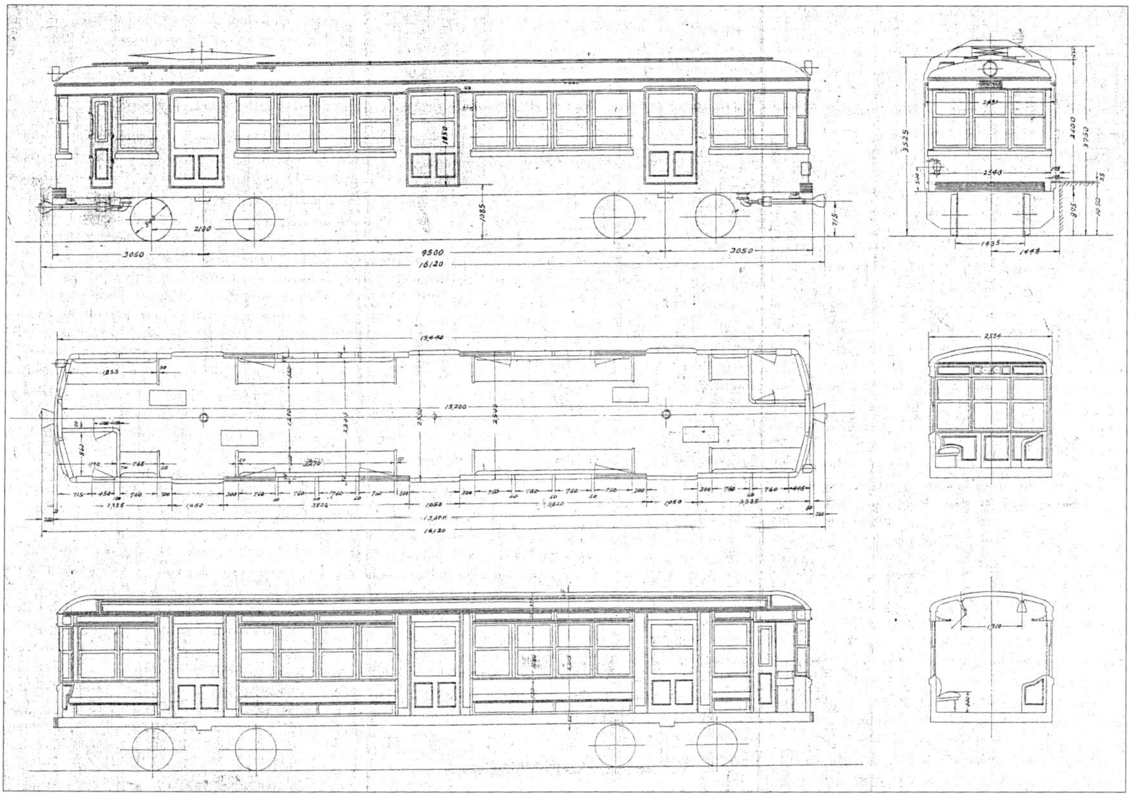

電動客車総括図　京浜電気鉄道 デ101形　　　　提供：京急電鉄

京浜電鉄デ101形の車内　湘南デ１形以来の開放的な片隅式運転室、センターポールは中央出入口の１ヶ所、リコ式ではなく一般的な吊手となっている
1940.3.20　川崎車庫　P：宮松金次郎

京浜電鉄デ101形（107号・山側）。32頁の101号と前照灯の形状が異なる。　1940.7.7　川崎車庫　P：宮松金次郎

4. 京浜・湘南電鉄時代の改造

1935(昭和10) 年頃、71・72号の側引戸脇の幕板に通風器が設けられた。この通風器はほぼ同時期にデ1形全車にも取付けられたが、デ71形の残りの車輌やその後のデ83形・デ26形・デ101形には取付けられなかった。不思議なことに車内にはその通風口が設けられていなかった。

1940(昭和15) 年、混雑を理由に湘南デ1形と京浜デ71形の中央部ボックスシートをロングシートに変更する認可を得て改造が行われたが、定員については変更がなく総定員100人、着席定員50人のままである。また大型車輌デ200・250形の導入を控えて建築限界対応でホームが削られるのに伴って、ホームと車輌との間隔が広がるので側引戸にステップを取付ける計画があり、図面まで起こされたが実施されることなく、実際に取付けられたのは戦後初代1000形投入による車体幅の拡幅の時であった。

準戦時体制となって空襲に備えた大規模な防空訓練がたびたび実施され、車輌にも室内灯・前照灯・標識灯回路に抵抗を取付けて平常・警戒・空襲の三段階で減光、消灯を行う灯火管制の回路が取付けられた。

側面幕板に通風器が設けられた湘南電鉄デ1形18号。品川発浦賀行急行列車に充当中の姿。　京浜蒲田　P：高松吉太郎

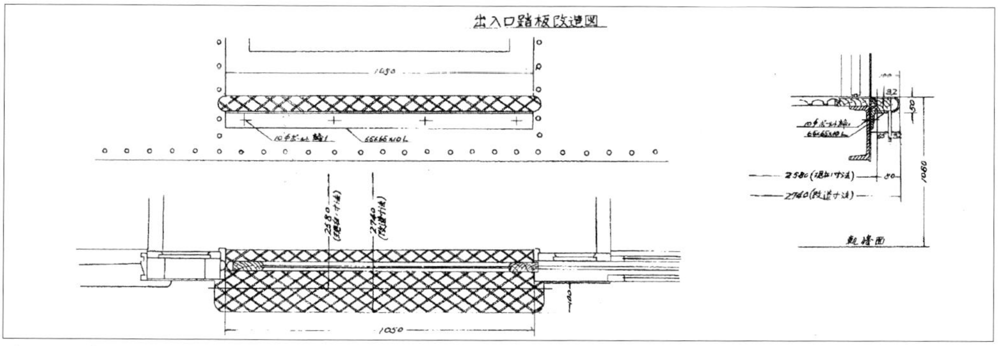

デ1型電動客車出入口踏板改造図(湘南電気鉄道株式会社)。実際には施工されなかった。　提供：京急電鉄

大東急時代になってから落成した大型車デハ5300形。
1946.6.30　金沢文庫　撮影：原 信太郎
所蔵：原鉄道模型博物館

5. 大東急統合

1）改番と車輌配置

合併により京浜電鉄は東京急行電鉄品川営業局となった。その後1943(昭和18)年6月には横浜営業局に改称、その路線名称は湘南線とその支線となった。さらに1945(昭和20)年3月には管理部制に変更して品川管理部と横浜管理部になった。車輌は1942(昭和17)年10月、5000番代に改番が行われ、湘南デ1形・京浜デ71形・京浜デ83形・湘南デ26形の55輌はデハ5230形にまとめられ、5231～5285号に改められた。600V車のデ101形はデハ5170形の5171～5178号となった。すでにデ1形・デ71形はロングシートに改造されていたが、運転室後位の座席も混雑緩和を理由にいつしか撤去された。ただ、なぜかデハ5284号のみは残され、昭和30年代後半の近代化(更新)工事まで製造当時の姿を留めていた。

その後、大東急時代は輸送力増強策により、混雑の激しい横浜以南の元湘南線に大型複電圧車輌のデハ5300形を投入、複電圧車のデハ5230形は元湘南のデ1形であるデハ5231～5255号と元デ26形の280～285号が湘南線に残り、そのほかは600Vのデハ5170形とともに京浜線での運用となった。

京浜・湘南電鉄時代に計画された大型車デ200形・デ250形はその製造が遅れ、大東急時代になってからデハ5300形となって落成した。こうした新造車輌の落成により、休車状態となっていた老朽木造制御車のクハ5211～5213、クハ5221～5224の7輌を1942(昭和17)年12月東横線に転出した。

2）戦時中の諸施策

1942(昭和17)年12月1日より横須賀堀内(現：堀ノ内)から平作川手前の久里浜(仮)までが開業、横須賀堀内～久里浜間の折り返し運転が開始された。玉電ビル用の建設鋼材を転用して架橋を行い、1943(昭和18)年9月21日、久里浜(仮)から本設駅が開業した。黄金町以南は金沢八景の瀬戸変電所のみで運転していたが、久里浜線の延長開業に備えて横須賀公郷(現：県立大学)に隣接して公郷変電所が設けられた。その1ヶ月後、10月15日には神中鉄道(現：相模鉄道本線)の複線化に転用するため、金沢八景～湘南逗子間の単線化が行われた。

大東急では合併各社車輌の相互融通を図るための企画委員会が設けられ車輌性能、機器、各部の寸法の調査が行われた。しかしながら車輌や建築限界、軌間や電圧といった基本的なこと以外にも設計思想や取扱方の違いは大きく、車輌融通が容易ではないことを得るに至った。この調査表によると、パンタグラフ一覧表で金沢工場所属のデハ5231～5255のC-2をC-5に、川崎工場所属のデハ5256～5279のC-5をC-2に相互交換が行われていることになっている。

またパンタグラフの摺板を銅製品から三角形の炭素板に変更したが、戦後京急でもそのままカーボンスライダーを使用し続け、都営浅草線相互直通規格車輌もカーボンスライダーとしている。

1944(昭和19)年5月1日から品川～浦賀間の直通運転を取りやめ、急行運転も廃止した。これにより品川～黄金町・横浜～浦賀間の分断運転に変更、川崎工場所属のデハ5301～5308の8輌と金沢工場のデハ5280～5285の6輌を相互交換して、横須賀方面の輸送力の増強が図られた。

1944(昭和19) 年から木造車のデハ5120形の内３輌が品川方運転台を生かして電装解除したACMブレーキ装備のクハ5120形となり、後に1951(昭和26) 年の全線1,500V化により全車クハ120形となった。戦後の制御車化された車輌は浦賀方運転台が残された。同様に半鋼製のデハ5140形も２輌がACM制御車化されてクハ140形となり、デハ5230形との連結運転が始められている。

京浜電鉄時代にすでに制御車化されていた木造車のクハ5210形やクハ5220形は大東急の他社線に転用されていたが、クハ5200形は金沢文庫に配属され戦時中に開業した久里浜線でデハ5230形と連結した区間運転が行われていた。

混雑対策として座席の一部撤去が始まり、暖房設備は機能停止に、金属部品は取外され、自慢のリコ式の吊手は一般的な吊手に変更、車号など車体外部標記も回収されペンキ書きとなっていった。

戦局の悪化による部品や資材の窮乏に残っていた総括制御ではない木造電動車5100形は電装解除されサハとなり、穴守線の３輌編成運転が始められていた。総括制御車のデハ5120形やデハ5140形も、修理部品の捻出などに一部が電装解除されて制御車化が行われている。

デハ5230形は5241と5247号が戦中に制御車化されていたが、戦後に電動車に復帰している。

3）戦災被害

戦況は日増しに悪化、日本が制空権を失った1945(昭和20) 年に入ると、本土空襲が激化して主要都市は戦意喪失を狙って非戦闘員である一般国民を標的にした無差別空襲が昼夜繰り返された。このうち４月20日の東京城南部および川崎の夜間空襲ではデハ5170形８輌が京浜蒲田や出村で全滅、そして５月29日、白昼堂々と行われた横浜市街地一体の空襲では、デハ5265・5279・5282号が神奈川新町や横浜で被災、奇しくもデハ5230形は元デ71形・デ83形・デ26形のそれぞれ１輌ずつが丸焼けになった。このほかにも爆風や機銃掃射を受けて一部破損した車輌も少なくなかった。戦災による被害は京浜線の方が大きかったが、戦時中から混雑の激しかった湘南線車輌の疲弊も著しかった。デハ5230形は湘南線にいた元湘南１形に戦災車は１輌もなかった。デハ5170形の全滅で懲り、空襲時には分散避難としたが時すでに遅かった。

全車が戦災を受けたデハ5170(旧デ101)形。
1946.6.30　金沢八景　撮影：原 信太郎　所蔵：原鉄道模型博物館

横浜の空襲の後、数日で全線運転を再開したが、一部区間の単線運行はしばらくの間続いた。中でも横浜～京浜神奈川(現：神奈川)の青木橋付近で停車していたデハ5140形に被災者が住み着いて、復旧が捗らないようなこともあった。

東急湘南線の戦災車。左からデハ5170形、デハ5230形(いずれも車号不詳)。　1946年　生麦工場
撮影：原 信太郎
所蔵：原鉄道模型博物館

デハ5230形2輌編成の湘南線列車で、手前の車輌は集電装置や床下の機器類を一部取り外している。車号は読み取れないが当時はデハ5247号が電装解除となっていた。板張りの窓、ドアは開きっぱなし、側窓に腰掛けるなど戦後の混乱期を象徴する光景。
1946.6.30　金沢文庫　撮影：原 信太郎　所蔵：原鉄道模型博物館

6. 大東急時代の復興

1) 終戦直後の状況

自国の国力を無視して挑んだ戦争は無条件降伏によって終結、終戦を迎え連合国軍の進駐により日本は占領され独立を失った。敗戦により軍需産業は停止し、一般工業製品も戦災による設備と人的被害により著しく生産能力は低下した。一方で混雑は増加し、車輌の酷使による荒廃はさらに厳しさを増していた。整備修理部品欠乏は不稼働車を増加させ、さらに整備不良の車輌を酷使せざるを得ない悪循環を招いた。整備の行き届かなくなった車輌の一部は座席が板張りとなり、ガラスが割れても補充が困難で中には窓枠も破損して、雨の日は車内で傘が必要な情けない状況となり、混雑時は窓からの乗降が常態化、座席の上に立ち、窓に腰掛けるありさま、ドアエンジンは故障して手動で開閉、夏場は開放状態で運転されたこともあったようだが、暖房装置も働かない冬場はそうもいかず、木やジュラルミン板張りの応急措置を施した。ただ窓を板張りしてしまうと室内は暗くなってしまうので、板に小片のガラスをはめ込んだ。また保護棒を増設して、窓からの乗降を阻止した。車輌の保守も施設の荒廃、資材不足で整備も思うようにいかず主電動機の損傷を防ぐため、弱め界磁（タッパー）運転や穴守線では並列（パラレル）運転は封印され回路も遮断していたが、工場での整備出場時の試運転で試験的に回路を生かすこともあり、出場時に回路を遮断することを忘れ、乗務した運転士がノッチを進めフラッシュオーバーを起こし再入場することもあった。車輪も使用限度を超えフランジがカミソリの刃のように摩耗、疲弊した軌道状態もあって脱線事故も頻繁に発生、馬堀海岸〜浦賀間では1945（昭和20）年12月13日、デハ5254号の下り電車がカーブで脱線、転覆することなくそのままするすると数メートル築堤を滑り落ちるような事故も起きている。

2) 連合国軍の進駐

戦時中から車掌に女子を採用していたが、品川と横浜の管理部（元京浜）では連合国軍の進駐もあり、1946（昭和21）年初頭頃までには乗車勤務から降ろした。進駐軍兵士にとって運転操作が丸見えの開放的な運転台は興味津々であり、運転をさせろと強要することも多々あった。また穴守線では糀谷と大鳥居の中間

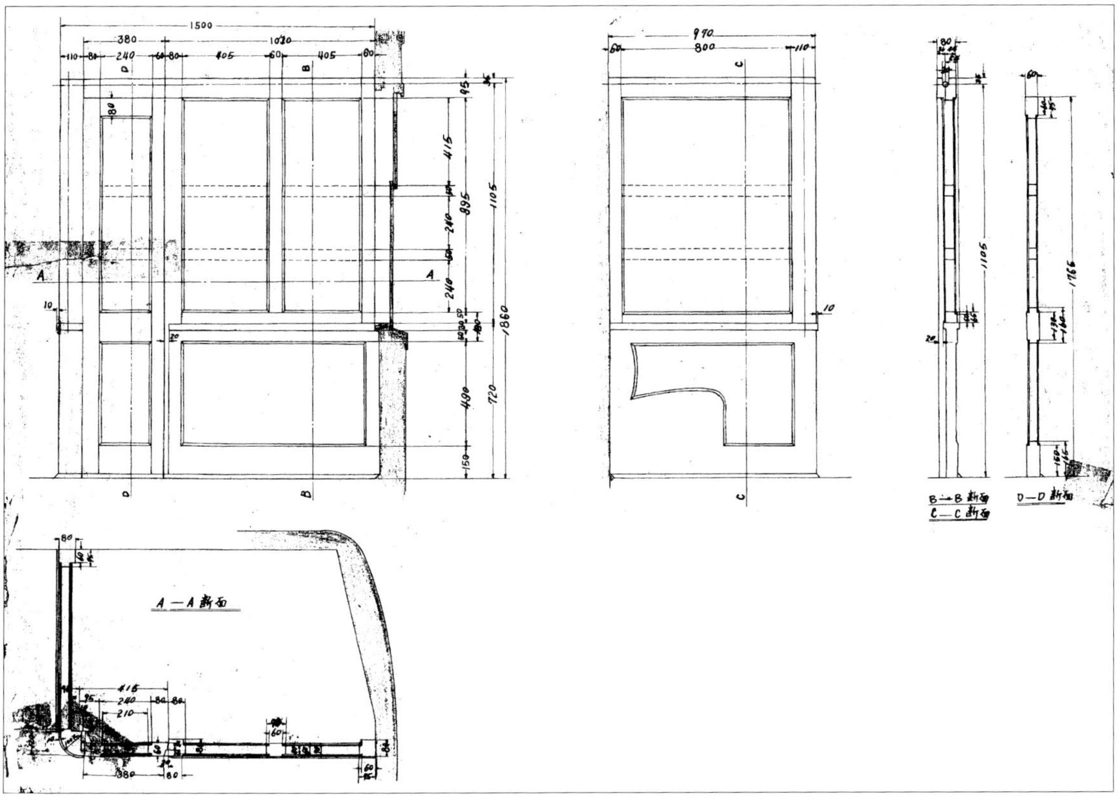

運転室の密閉化改造図　　提供：京急電鉄

(観音堂踏切)にあった基地の兵士が街へ遊びに行くため、勝手に枕木を積み上げげたような乗降場を設け停車を強要され、運転士は困り果てた。戦勝国の優越感もあっての悪戯にも、反抗すれば沖縄に送られ強制労働だと脅されれば、従順な敗戦国民はなすがままの状態であった。中には夜間の閑散時にナイフやピストルをちらつかせて金品を奪う輩も出没して治安上、デハ5230形をはじめデハ5300形などの開放的な運転室を囲み密閉式に改造した。また、無謀な運転による進駐軍の車との衝突事故も頻発した。特に1947(昭和22)年の1月30日夜間に京浜鶴見〜鶴見市場間の市場第三踏切で、デハ5268とデハ5267の2輌編成上り列車が進行方向右側から進入してきた進駐軍の車と衝突、転覆することなく架線鉄柱を軸にして直角に向きを変え、あわや民家に飛び込む寸前で止まった。

デハ5268+5267号の上り列車が米軍車と衝突。5267号の腰板に書かれた「スト決行」とは、連合軍総司令官マッカーサーにより中止指令が出されたゼネラルストライキのことである。
1947.1.31　京浜鶴見ー鶴見市場　P：柴橋達夫

神中線二俣川で揃った大東急各社の車輌。左は湘南から来た5230形、中央は小田急の1100形、右は東横の3400形。
1946.8.15　二俣川　P：荻原二郎

3）戦後混乱期の運転

終戦を迎え徴兵により出征した社員の復員が始まっても人員不足で、特に乗務員不足は深刻なものであった。このため通常は駅務勤務者から乗務員に登用するところ、直接乗務員募集を行い車掌と運転士の実習期間を最低限に短縮したにわか造りの乗務員が生まれた。地方出身者の中には地理に不案内で、八ツ山の併用軌道区間に出てようやく次が終点の品川とわかる有様であった。また、会社は運転士に時計を支給したくても市中では売ってはいなかった。このため自分で時計を持っている者以外は、駅間の架線鉄柱の力行標、惰行標を目安に定時運転を行っていた。混雑時や閑散時は基本の鉄柱を基にして前後に調整して定時を守った。遅れが生じると、駅間を車輌性能ギリギリで運転するため力行から惰行せず直ちにブレーキ操作をするオフブレーキを行い、さらには自動ブレーキ車のブレーキは込めからブレーキが作用する僅かな空走時間をも力行させるために、ブレーキを込めてからオフにするブレーキオフというという荒業も行われた。

品川管理部の本線品川～横浜間は川崎車庫所属のデハ5230形（256 ～ 279）もしくはデハ5140形の単行がほとんどで、横浜管理部は金沢車庫所属となっており、横浜以南はデハ5230形（231 ～ 255・280 ～ 285）、も

デハ5230形を神中線で使用することとなり、神奈川新町と東神奈川の間で1,435mmから1,067mmの仮台車に履き替えるため車体の横取りが行われた。　1945.9　神奈川新町　P：荻原二郎

神中線への応援車、デハ5230形5285号の二俣川行。台車は井の頭線デハ1450のものを使用していた。
1946年頃　提供：山岸庸次郎

しくは戦時中投入されたデハ5300形の単行か2輌編成であった。支線用の増結用としてはクハ5200形が配置されていた。混雑時間帯に車輌故障が生じると、当時すでに支線運用が主になっていた木造車のデハ5120形が充当されることもあった。またデハ5230形とACMブレーキ改造のクハ5120形やクハ5140形との２輌編成もあった。デハ5230形も主電動機の故障でモーターを２個カットした車輌も運用に入れざるを得ないこともあって、かつての軽快な“モデン”の面影は見る影もなかった。

4）神中線に貸出

この状況下で東急の委託経営となった神中線(現:相模鉄道)の横浜～二俣川(1942年に横浜～西谷間で星川変電所によって始められていた)間を東横からの600Vで、二俣川以遠は小田原線から1,500Vを供給して電化を行った。このため1945(昭和20)年９月８日複電圧のデハ5230形２輌(5281・5285)が貸し出されている。

この貸出車輌は1,067mm軌間で運転するため、台車は井の頭線永福町車庫で被災したデハ1450形のD18で、主電動機も同車の75HPのものが使用された。車体は神奈川新町と接している東神奈川で車体の横取りが行われ仮台車で星川まで回送、台車は２輌分４台を棒でつなぎ、永福町から代田の連絡線を通り小田原線で海老名を経由して星川まで回送され、車体と足廻りを結合した。主に1,500V区間の二俣川～厚木間で２輌連結の状態で使用し、中間部の連結器はK-1-Aのままとし両端は自連に交換した。

1946(昭和21)年12月27日より、京浜の日ノ出町変電所から1,500Vを受電して全線が1,500Vに統一された。1947(昭和22)年６月委託経営が終了して、同年12月１日付で返却された。

5）戦災車の復旧

戦災を受けた半鋼製車は、神奈川新町の構内の外れに焼けただれた鋼体の骨組みをさらけ出していたが、車輌不足を補うため復旧工事が行われることになり、生麦工場では本田工業所と東横車輌によって、また設立されたばかりの東急横浜製作所の初仕事として施工されることになった。東急横浜製作所は戦時中海軍航空技術廠支廠として逗子から単線化した逗子線に新たに1,067mmの軌道が敷かれていたが、金沢八景と製作所間は1,435mmの軌道の敷設はなく搬入には道路

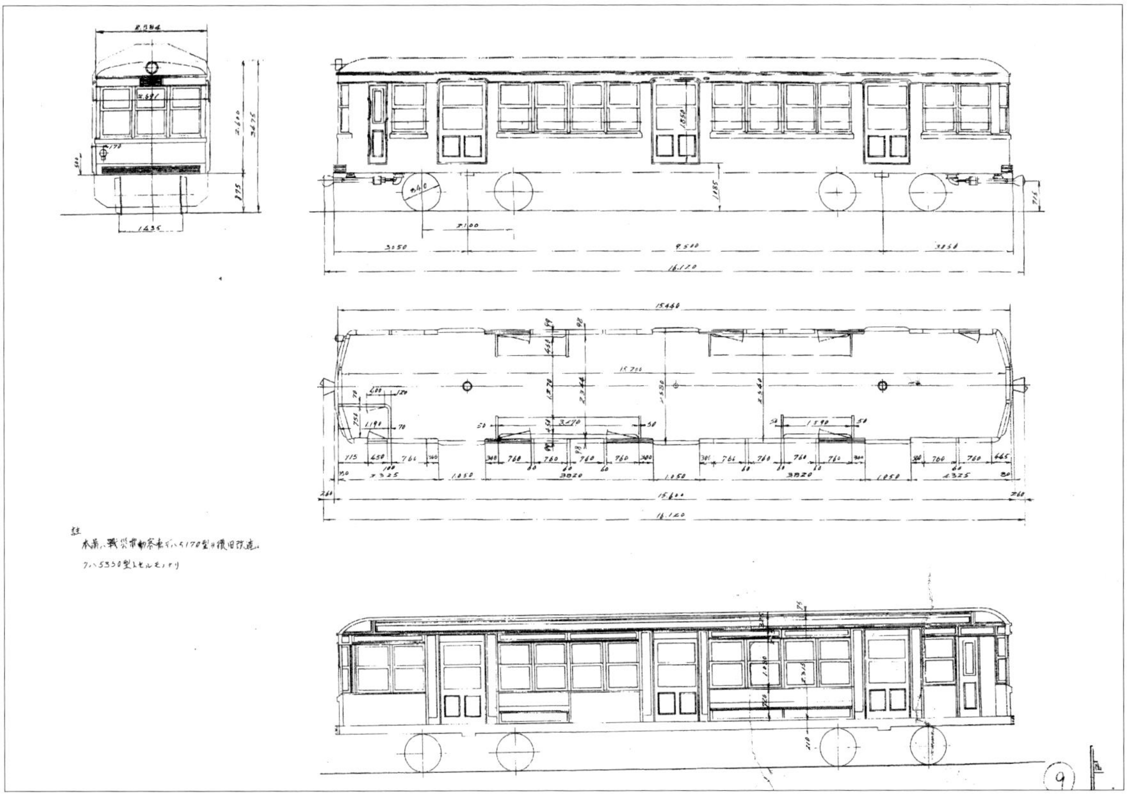

電動客車総括図　東京急行電鉄 クハ5350形　提供：京急電鉄

上をコロにより人力で行われた。その後1,067mmと1,435mmの供用三線に改められ、京急の車輌は一般検査(後の定期検査に相当)や新造、改造工事などによる出入場に使用されることになった。

クハ5350形という形式は本来デハ5300形の制御車として戦時中に汽車会社で製造が着手されていたものの資材不足で中断されていたが、戦災により大打撃を受けた井の頭線の救済のため、急遽電装してデハ1710形として転用してしまったものであった。

デハ5170形８輌およびデハ5230形３輌の戦災車計11輌は、全車制動方式をACMとした制御車として復旧した。デハ5170形は浦賀方の運転室を残した片運転台としたが、品川方は貫通路が設けられず、山側の乗務員室扉の形状は残しながら客室化してクハ5351号から5358号となった。焼け落ちて骨組みだけになった車体を補修して鋼板を貼ったもので、最初に復旧した４輌は天井板が貼られず肋骨のように垂木むき出しの状態となり、屋根は熱処理も行われないべこべこの鋼板で通風器も設けられていなかった。後期の復旧車は小型の半割ガーランドタイプの通風器が設けられ、天井板も設置された。全車とも雨樋は設けず側引戸の上に水切りが取付けられたが、弓形と直線状の２形態が存在していた。室内は品川方の車端部と各戸袋部分には座席が設けられなかった。

デハ5230形の戦災車３輌も同様に浦賀方の運転室を残した片運転台として、さらに中央に新たに側引戸を設け、従来の側引戸を側窓１つ分車端に寄せる改造を行い、形態的にはデハ5170形からの復旧車に準じた３扉ロングシート車となりクハ5350形の追番として5359号から5361号となった。ただ品川方山側の乗務員室扉は埋められ新たに側窓を設けたため、山側側面は中間車のような形態となり、浦賀方海側の運転室扉と側引戸の間の側窓が埋められたのが、種車の違いを示すものとなっていた。

なお復旧にあたり、デハ5265と5279号で車体の特徴から車体の振替が行われた疑いがあった。書類上は5265が5359号に、5279が5360号に復旧したことになっているが、クハ5359号となったデハ5265号は元デ71形で本来は正面幕板部の通風口はなく、またクハ5360号となったデハ5279号は通風口のある元デ83形であったものが、クハ5359には通風口があり、クハ5360号には通風口にはないといった具合に、逆の形態を示していたからである。

この戦災車の復旧が開始される前の1946(昭和21)年夏、600V単電圧車であるデハ5140形のうち5141～5145・5147～5149号の８輌にデハ5170形の2HE台車と主電動機を復旧して交換した。車輌性能は格段に向上したが当時の運転状況では過剰性能で、間もなく5148号を除き主電動機は２個がカットされてしまったが、両抱きのブレーキシューのおかげでブレーキの利きは良く運転士の間では好評であったという。これらの車輌は1,500Vの昇圧と戦災車の復旧が始まるとデハ5140形は元のブリル27-MCB-2に戻され、1,500V制御車への改造が始められていった。

またこの時期、帝都高速度交通営団から台車を譲り受けた。これは銀座線(旧東京地下鉄)の1000形のうち1001～1010号が製造当初使用していた日本車輌製の片押し式ブレーキ方式の台車で、1930(昭和５)年抱き合わせ方式に改造する際、台枠端に鋳鋼製の補強が行われていたが、戦後、第三軌条の集電装置との兼ね合いか、汽車会社製の一体鋳鋼製台車枠の軸バネ式のHA-18に履き替えが行われたため、そのうち５輌分

連合軍専用車に指定される前の戦災復旧車クハ5350形5359号（5230形改造車）。腰板にはT.K.K.の標記が目につく。ドアエンジンは働かず、開放状態で運行されている。
1946.6.30　撮影：原 信太郎　所蔵：原鉄道模型博物館

デハ5170形用の2HE台車を取付けたデハ140形5143。これはきわめて貴重な初出写真と思われる。
1946.6.30　川崎車庫
撮影：原 信太郎
所蔵：原鉄道模型博物館

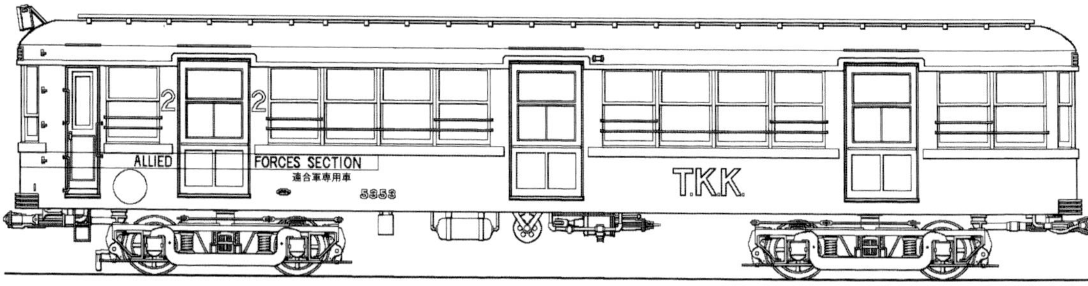

東京急行電鉄 クハ5350形5351 ～ 5353 連合軍専用車

作図：佐藤良介

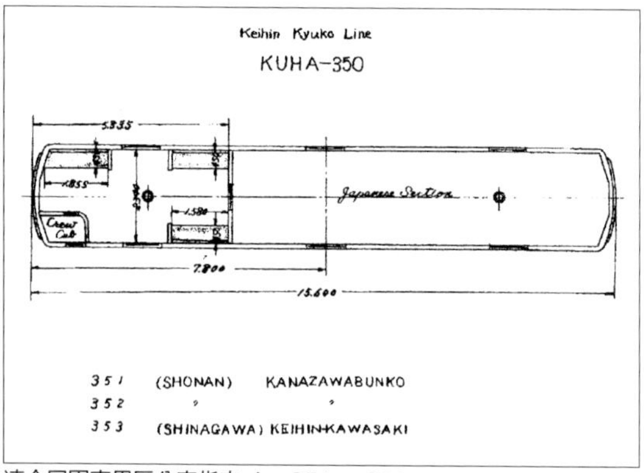

連合国軍専用区分室指定 クハ351 ～ 353

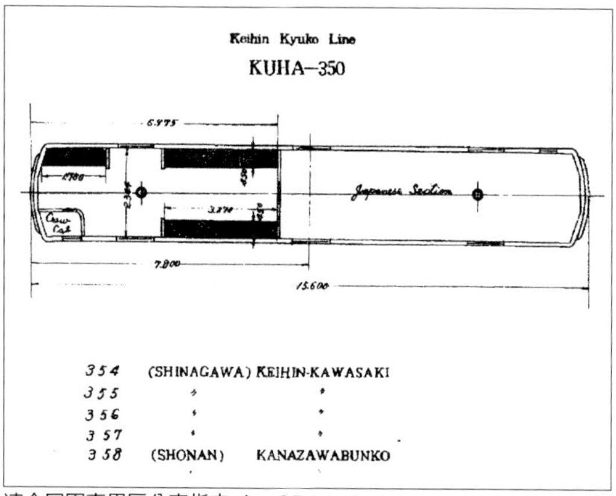

連合国軍専用区分室指定 クハ354 ～ 358

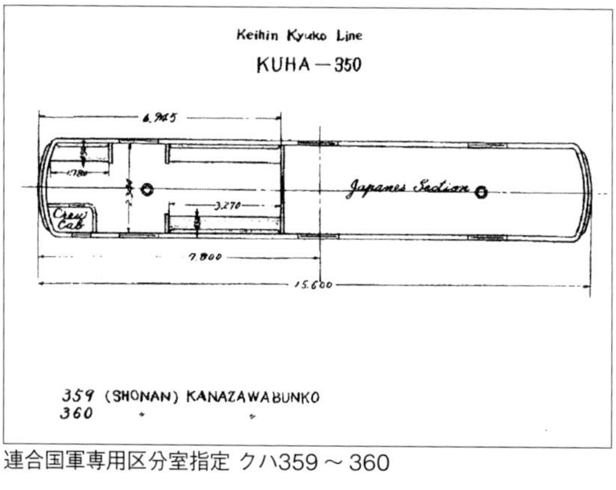

連合国軍専用区分室指定 クハ359 ～ 360

3枚とも提供：京急電鉄

を譲り受け、戦災復旧車の付随台車TC1000形としてクハ5351と5352号の２輌に取付けた。大東急解体後に電動貨車製造と更新名義の電動客車製造に2HE台車を捻出するためさらに交換が行われている。

6）連合国軍専用車

1945(昭和20)年９月になると連合国軍の進駐が本格化するにともない鉄道輸送もその支配下に置かれ、連合国軍専用車輌の運行を要求してきた。そこで東急では1946(昭和21)年６月から横浜～浦賀間で運行を開始した。当初はデハ5300形の室内にロープや木材を渡して仕切り運転していたが、1947(昭和22)年３月28日に専用車設置決定がなされた。車輌はクハ5158号とクハ5351 ～ 5353の４輌に客室の1/3仕切りを設け、専用室として５月より本線の品川～浦賀間と穴守線で運行が始まった。ウインドシルより下に“ALLIDE FORCES SECTION”と書き込まれた白帯を引き、腰板部には「連合軍専用車」と書き加えられた。また側引戸の両側には“2”の文字が書き加えられた。1947(昭和22)年10月からは日本人も乗車が可能となり、目印に直径20インチの黄色の円(イエローボール)が描かれた。大東急解体後の1948(昭和23)年８月６日には、客室の1/2を仕切ったクハ5354 ～ 5360号の７輌に追加設置の決定がなされた。この追加７輌の運転範囲は本線の品川～浦賀間に限定された。

国鉄をはじめ他社では状態のいい車輌を選び整備して、当時の一般車輌とは雲泥の差を敗戦国の国民は見せつけられたものであった。しかし湘南線では「お前たちが焼いた電車だ」と反骨の精神だったのか、戦災復旧車を連合軍専用車輌に充てた。さすがにモーターが付いていないので乗り心地はまずまずであったと思いきや、軌道の整備状況もあるだろうが床下からガッタンガッタン、ゴーと振動と騒音が直接響いてくる代物であった。暖房設備は働かず、冬期はアメリカ人好みに水色の濃淡にペンキ塗りをした車内は寒々として

戦災復旧車クハ5350形5353号。初期復旧の車輌で通風器がない。室内の1/3が連合国軍専用となっており、すでに日本人も空いている時に限り乗車が可能としたイエローボールマークが描かれている。撮影されたのは分離後か、T.K.K.の標記が消されている。
1948年　川崎車庫　P：柴橋達夫

いた。なおこの車内塗りつぶしはデハ5267とデハ5274にも実施され様子が見られたが、それ以上には拡大せずこの２輌も従来通りに戻された。

7）1,500V 昇圧

戦災を受けた日ノ出町変電所は将来的に1,500Vに昇圧を考慮に入れた設備になっており、1945(昭和20)年12月の復旧に際しては機器を1,500V用に改造を行い、横浜～上大岡間を1,500Vに昇圧した。これにより品川～横浜・横浜～浦賀間の完全な分断運転となった。引き続き1947(昭和22)年12月25日には品川～横浜間と穴守線が1,500Vに昇圧された。大師線は川崎市電へ送電する関係もあって600Vで残された。本線は全線1,500Vとなったものの品川～浦賀間の直通運転は行われず、相変わらず分断運転のままであった。

大師線で使用する車輌を残し複電圧車のデハ5230形とデハ5300形はデハ231～237・244・255・272号の10輌を残し転換開閉装置が外され、単電圧化が始められることになる。この転換開閉装置は東急電鉄の昇圧時に利用された。

8）大東急時代末期の状況

大東急の解体は連合国軍総司令部(GHQ)による経済機構の民主化の流れはあったものの、大東急の場合は合併各社の中から解体・独立の機運が高まり、自主解体という形をとり1948(昭和23)年５月29日創立総会が開かれ、６月１日に東急から京浜・小田急・京王が分離してそれぞれが京浜急行電鉄、小田急電鉄、京王帝都電鉄として再出発することになった。

分離直前のデハ5230形の状況は、戦中から元デ１形の5231～5255号の25輌が金沢、5256～5285号までの30輌が川崎所属となっていた。デハ5170形８輌は全車戦災を受け、デハ5230形３輌とともにクハ5350形に復旧、5351～5355号が川崎、5356～5361号が金沢所属となっており5351～5353号は1/3室を仕切った連合国軍専用車となっていた。デハ5230形のうち5247号は制御車状態にあり、5241号は本来の主電動機TDK553-AからMB-115AFに換装されているなど応急手当ても至るところにあり、車輌の稼働率の低下は免れず混乱は続いていた。最多輌数を誇るデハ5230形は主力車輌として活躍する一方でデハ5400形の投入なども始められていた。こうした状態で新生京浜急行電鉄として発足を迎える。

戦災復旧車クハ5350形5352号。
1948年　川崎車庫　P：柴橋達夫

湘南デ1形と同系列車輌の変遷図

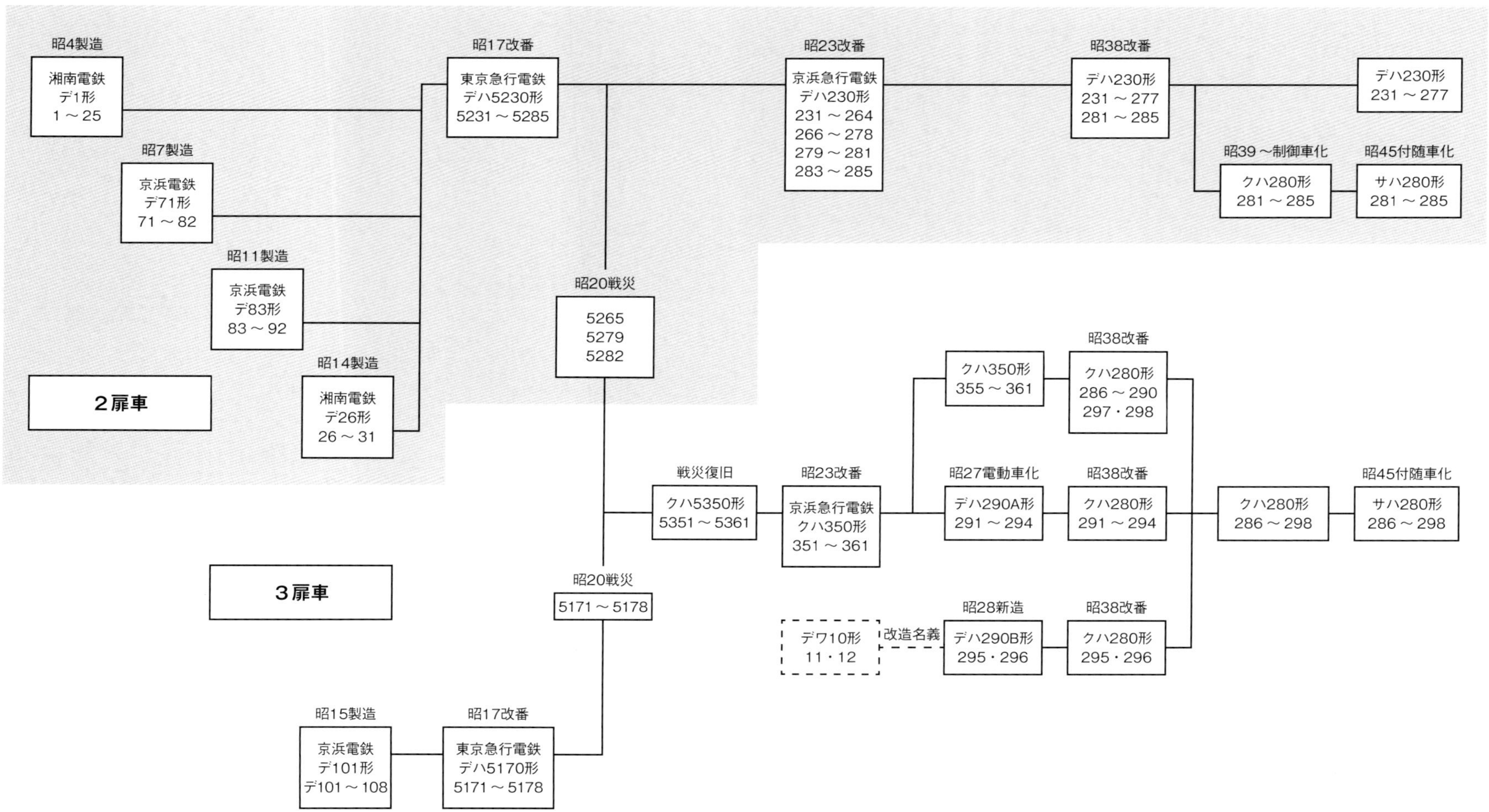

■230形製造時の主要機器

形式	製造初年	輌数	主制御装置					主電動機					台車	集電装置	電動発電機	電動空気圧縮機
			形式	直列	わたり	並列	弱界磁	形式	容量	電圧	個数	歯車比			形式	形式
湘南 デ1	1929(昭4)	25	ES508-A	5	短絡	4	64%	TDK553-A	93.3kW	750V	4	58/20	MCB-R	C-2	TDK307-A	D-2-N
京浜 デ71	1932(昭7)	12	ES510-A					MB-115AF				57/20	2HE	C-5	TDK307-A'	
京浜 デ83	1936(昭11)	12														
湘南 デ26	1939(昭14)	6	ES510-B												TDK307-2A	

形式	製造初年	輌数	主制御装置	主電動機					台車	集電装置	電動発電機	電動空気圧縮機
				形式	容量	電圧	個数	歯車比			形式	形式
京浜 デ101	1940(昭15)	8	MB-HL	MB-177A	59.68kW	600V	4	69/22	2HE	PT12	—	DH-25

湘南電鉄デ1形21号海側側面。側引戸両側幕板部の通風器設置後の形態。　横浜　P：杵屋栄二

上巻のおわりに

デハ230形が湘南デ1形として登場してから京急から引退するまでの48年間を中心に上・中・下巻の3分冊で紹介させていただきます。すでにデハ230形が京急線上から姿を消して40年余りが経過しており、現役時代のデハ230形を見たことのない世代の方々がどれほど興味を持っていただけるか不安でしたが、創立120周年を迎えた京急の本社横浜移転に伴い新社屋に併設されるミュージアムに引退時期に復元したデハ230形236号が展示される話題性もあり、この機会に発表させていただくことにしました。

上巻は戦前、戦中、連合国軍占領時代など写真と資料の収集にはもっとも厳しい時代で、多くの方々に助力を賜りお手を煩わせてしまいましたが、記録・写真の絶対量は少なく既発表の写真を使わざるを得ませんでした。なおご協力賜った団体、諸氏は下巻で一括にてご紹介させていただきますことをお断わり申し上げます。

京浜電鉄デ71形の急行が品川を出て八ツ山橋に向かうところ。
1934.1.2　品川—北品川
P：土居一郎